# 杯測師的居家咖啡學

誰都可以輕鬆享受的職人級風味

岩崎泰三

瑞昇文化

# 本書閱前須知

本書內容皆為作者——
咖啡記者 岩崎泰三
個人推薦之咖啡器材、
咖啡豆、沖煮方式。

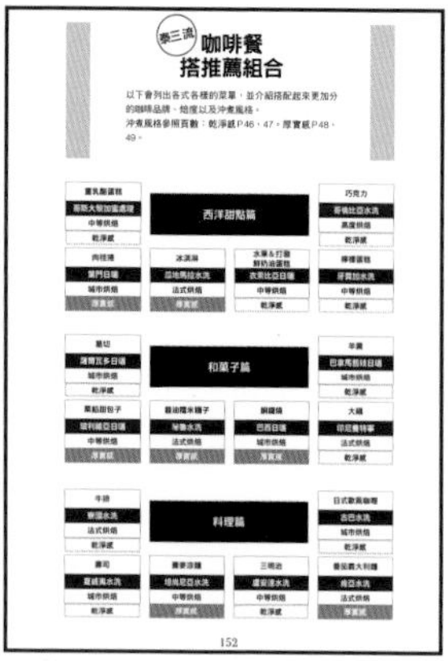
泰三流 咖啡餐搭推薦組合

以下會列出各式各樣的菜單，並介紹搭配起來更加分的咖啡品牌、焙度以及沖煮風格。
沖煮風格參照頁數：乾淨感P46、47。厚實感P48、49。

西洋甜點篇

和菓子篇

料理篇

152

▲建議咖啡餐搭組合。詳細介紹各種食物與咖啡品牌之間相輔相成的組合，以及合適的沖煮方式。

新時代創意調飲與名店經典品項

咖啡調飲食譜

咖啡廳裡經常可以看到各式各樣的咖啡調飲，而我們在家裡也可以花一點功夫，將咖啡變成簡單又好喝的飲料。準備喜歡的咖啡杯或玻璃杯，即刻享受將家裡變成咖啡廳的樂趣。

經典咖啡歐蕾

156

▲另收錄泰三流配方豆調配觀念、創意咖啡調飲食譜。

OK 1

測量重量

通常淺焙豆小而重，深焙豆大而輕。所以用同一支量匙撈出來的重量也會不同。

確實秤重才能屢屢泡出同樣好喝的咖啡

你是不是也想過，為什麼在家都泡不出和店裡一樣的味道？要泡出理想中的味道，首要之務是測量豆子的重量。事先設定好條件，不只能輕易泡出和之前一樣好喝的味道，泡得不好時也能藉此分析原因。

深焙豆表面有一股油亮感，顆粒飽滿。乍看之下很重，但由於含水量少，所以其實很輕。

26

▲**隨時連結YouTube頻道參考影片**
**「岩崎泰三 -Coffee Journalist Taizo Iwasaki -」**
掃描書中出現的QR碼即可觀看對應內容的影片。

聲明
書中內容含沖煮方式、 咖啡豆、器材、產地等資訊，皆為咖啡記者岩崎泰三個人之推薦與選擇。
讀者選購與實行內容之器具與沖煮方法若造成任何意外與諸問題，本出版社恕不負責。

# 前言

岩崎泰三

我迷上咖啡的魅力至今已20餘載，這些年來我持續從不同的角度探索這個神祕的世界。我博覽群書，走訪世界各地的咖啡莊園，與各路咖啡職人交流。然而每當我更深入這個世界一些，卻更體認到這個世界有多妙不可言。這不可思議的魅力究竟是什麼？到頭來，我發現好喝不好喝的標準自在人心。美味的終點所在取決於每個人自己的信念、哲學和美學之上的人生態度，我認為應該以自由與多樣性之名來包容這無數的終點。如同繪畫，亦同文學，更如我從小接觸的音樂。

這本書雖然旨在提供自由享受咖啡的具體指南，並且盡可能引導讀者觀察不同咖啡的配方、風格的性質，但難免會偏向特定一種觀點。倘若碰上怎麼也想不通的問題，不妨換個不一樣的角度觀察。比方說跑跑看平常沒去過的咖啡廳，或嘗試用不同的器材沖煮平常的咖啡，甚至看看一些老電影或聽聽平常鮮少接觸的音樂，這些行動不僅能帶你發現咖啡不同的面貌，也可能為你打開一扇新的大門，通往這世界的美好、豐富、刺激與安詳。

CONTENTS



**▶此標記代表該章節可至 「岩崎泰三 -Coffee Journalist Taizo Iwasaki -」 觀看對應內容的影片**

# CONTENTS

CONTENTS

CONTENTS

泰三流

遵守原則
以不變
應萬變！

# 從此邁向快樂咖啡人生

咖啡是多采多姿的生物，烘焙、研磨、沖煮各個環節都會影響最後呈現的滋味。所以我們要好好觀察咖啡的容貌與香氣，和咖啡聊聊天。懂得如何與咖啡豆溝通，也就懂得如何泡出一杯好喝的咖啡。複雜的規則先扔一邊，準備好咖啡豆和熱水，全心全意享受沖煮咖啡的樂趣再說！

STEP1

## 辨別好的咖啡豆

想要喝上一杯好喝的咖啡，重點在於懂得選擇好豆子。我們要學習和咖啡豆溝通，並從中培養辨別好豆的能力！

STEP2

## 享受與豆子對話

不用急著去想怎麼泡才會好喝，先享受就對了。拋開艱澀的法則，準備咖啡豆和熱水，為自己泡一杯咖啡吧！

STEP3

## 咖啡是一門科學、化學

咖啡生豆本身幾乎毫無美味可言，需要經過後續的烘焙、粉碎、萃取引發化學反應才會產生各種香氣與風味。這樣的過程再科學、再化學不過了！

STEP1

# 辨別好的咖啡豆

仔細觀察咖啡豆的中央線、顏色、大小、外型、表面質感，會發現每一粒豆子都長得不一樣。照片上的豆子全都是衣索比亞西達摩G1（由右至左分別為水洗淺焙、日曬淺焙、日曬深焙）。

## 和咖啡豆好好對話
## 培養辨別好豆子的能力

想要喝上一杯好喝的咖啡，重要的是懂得挑選好豆子。除了看品種、處理法、焙度之外，我個人一定會做一件事，就是和咖啡豆對話。我會仔細觀察咖啡豆的外貌，好好感受香氣，還有摸起來的質感。首先要確實觀察豆子的狀態，並想像萃取時的模樣。

從咖啡豆整體的形狀、大小、顏色是否均勻等外觀資訊，就能大致判斷品質好壞，不過例外情況也不少。尤其新銳精品咖啡的面貌愈來愈難以捉摸了（詳見P140）。

由左至右分別為生豆（Green Bean）、帶殼豆（Parchment Coffee）、咖啡果乾（Cascara）。咖啡果乾是咖啡果實在處理過程中分離出來且經過乾燥的果皮與果肉，Cascara在西班牙文中便意謂著皮、殼。

混合咖啡粉和咖啡果乾製作的創意調飲，成品具有清雅的甜味和果香（詳見P158）。

### 富含多酚的超新星咖啡櫻桃

我們口中的咖啡豆其實不是豆科植物，而是「茜草科咖啡樹」的種子。咖啡樹在花期會綻放白色小花，接著結出俗稱咖啡櫻桃的果實，果實中的種子才是咖啡豆的生豆。從咖啡櫻桃中取出種子時，會去除果皮、果肉和其中的一層硬殼（羊皮層）。

這些去除的部分乾燥後就成了咖啡果乾，即Cascara（又名Qishr）。咖啡果乾泡出來的味道類似紅茶和香草茶，所以又有人稱之為咖啡櫻桃茶。近年來咖啡櫻桃經研究證實富含營養，晉升知名的超級食物之一。

## 咖啡豆擁有的3大營養成分

咖啡不但好喝，對我們的身體和大腦的健康也有益。

#### 多酚

多酚可以抗氧化，延緩細胞衰老與退化，保持青春常駐。據說也能預防癌症和動脈硬化、糖尿病等病症。

#### 咖啡因

咖啡因可以活化大腦，提高注意力並促進思考。另外也有利尿效果，能加速排除累積在體內的廢棄物。

#### 葫蘆巴鹼

生豆含有大量的葫蘆巴鹼，據說有刺激腦神經細胞的效果，可以預防失智症。

STEP2

# 享受與豆子對話

「咖啡沖煮沒有絕對的規則」。懂得如何與豆子對話，你一定能泡出好喝的咖啡！

**別急著煩惱**
**怎麼樣才能**
**泡出好喝的咖啡，**
**樂在其中最重要！**

沖煮咖啡看似有許多限制，好比說豆子不能磨得太細、濾紙要摺好、給水要慢條斯理等等。

雖然說泡得好喝是我們的目標，但一開始不妨先將繁瑣的規則丟一邊，好好體驗泡咖啡的樂趣再說。你只需要拿出咖啡豆，燒一壺熱水，準備好器具就行了。

準備好就開始泡咖啡吧！

將中研磨的咖啡粉倒入濾杯。這時你已經踏上美味咖啡之旅了。

# 打開你的五感，開開心心泡咖啡！

打開你的五感，好好感受千變萬化的香氣、聲音、顏色、溫度，以及味道吧！

## 準備好必要器材泡就對了

注水的同時也要仔細觀察咖啡的模樣。

觀察泡沫粗細與顏色，想像每一粒咖啡粉的心情。

注水之前，先盡情享受咖啡粉飄出的迷人「乾香氣」。你可以先湊近濾杯一聞，然後拉開一點距離再聞，從不同角度感受香氣的第一印象，想像接下來還會出現怎麼樣的氣味。

一旦開始注水，咖啡粉就會出現各式各樣的反應。比方說因為熱水溫度、豆子本身的焙度而膨脹、凹陷，香氣也會和一開始不太一樣，這時候的香氣是因為熱水的熱能而揮發的「濕香氣」。當你發現咖啡粉開始排出氣體後，請仔細觀察泡沫的顏色與粗細。每次注水時泡沫的狀態都不一樣，這也說明了咖啡是活的。當你的咖啡粉順利形成圓頂狀後，也請給它一點時間慢慢膨脹，等待粉面趨於平坦。

咖啡粉看起來就像在深呼吸一樣！除了咖啡粉，也要留意顏色愈來愈淡的萃取液。記得，沒有人規定要多濃多淡才算得上咖啡。

看準自己覺得好的時機移開濾杯，一壺咖啡就完成了。咖啡入口後充斥在嘴中甚至貫穿鼻腔的種種香氣，我們稱之為「風味」。

咖啡因烘焙而獲得生命，因沖煮而完整生命。咖啡是化學，是科學，更是生物。

除了萃取方式會影響咖啡風味，不同的咖啡杯也會影響溫度變化、咖啡在嘴中擴散的方式，進而改變風味的呈現。有一個自己喜歡的杯子專門拿來喝咖啡是不錯，不過依照當天心情挑選不同的杯子也很有趣。

STEP3

# 咖啡是一門科學、化學

**烘焙、研磨、沖煮方式都會影響咖啡的味道。所有風味都來自科學反應**

咖啡的美味因子包含馥郁的香氣、酸味、苦味、口感，而這些都是咖啡內各種成分複雜作用下的產物。咖啡在生豆時幾乎沒有什麼美味的成分，是後來烘焙過程的化學變化造就了風味。而後續的研磨、萃取方法和時間也會影響咖啡的味道，這一切全歸因於科學反應！

# 找到你喜歡的風味
# 泰三流咖啡沖煮法則

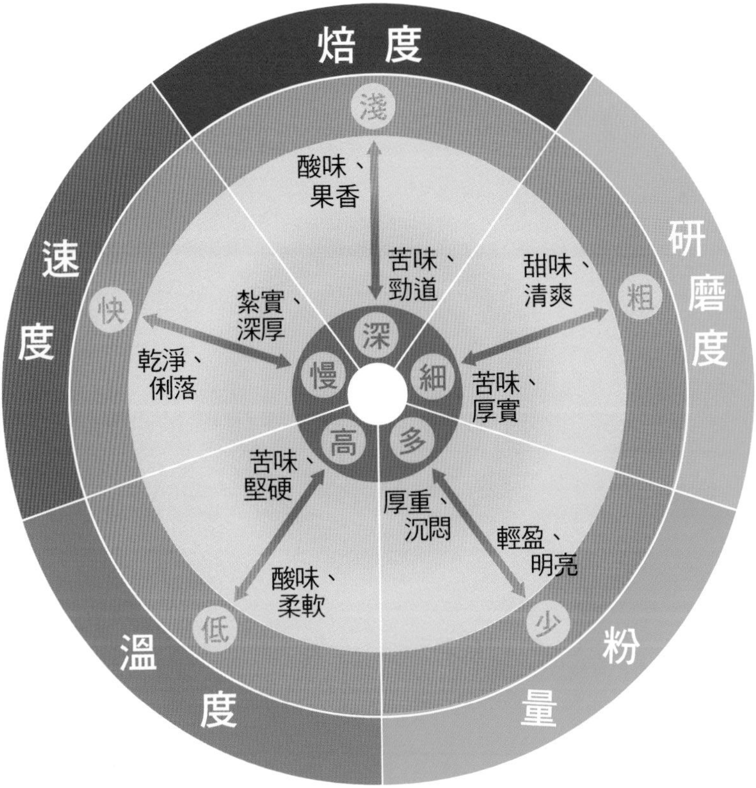


決定咖啡味道好壞的核心要素有「香氣（Aroma）」、「風味（Flavor）」、「酸度（Acidity）」、「苦味（Bitterness）」、「甜感（Sweetness）」、「口感（Body）」。想要找到自己喜歡的平衡，必須關注從處理法到烘焙等豆子本身的加工條件，還有從沖煮到盛杯的萃取過程。上圖是我根據大量烘焙與萃取數據所繪製的圖表，大家不妨參考這張圖表，找出自己喜歡的味道。

## 隨時可以上 YouTube 觀看影片！

「為咖啡痴狂的男人」

# Coffee Journalist 岩崎泰三 YouTube 頻道

https://www.youtube.com/channel/UCelNwQHFhHwXNZ4_nNBiIQg/featured

## 從此踏上咖啡相伴的快活人生！

還有咖啡以外的豐富資訊！

以輕鬆愉快的方式介紹咖啡的種種！

從書上學到許多咖啡的知識後……
別忘了上 YouTube 看影片！

不但有精彩來賓，還有岩崎泰三深入日本各地與世界角落的咖啡巡遊紀錄，以及其他地方看不到的獨家咖啡趣聞。

**掃描書中 QR 碼即可觀看對應該部分內容的影片。**

Part.1

# 輕度玩家必看
# 泰三 流　6 個小提醒
# 讓你的手沖咖啡更好喝

挑選好豆、享受沖煮，咖啡自然會好喝。但如果你追求好還要更好，還是有幾件應盡量避免的「NG行為」和一些加分的「OK行為」。這一章節我會介紹讓咖啡變得更好喝的幾項原則。

# 3 個扣分的 NG 行為
# 3 個加分的 OK 行為

NG

NG 1

**◆研磨度太細**

咖啡粉太細可能會堵塞濾紙，拉長萃取時間，進而萃取出過多咖啡粉中的物質。這種狀況稱為過萃（過度萃取）。

NG 3

**◆讓最後一滴流入下壺**

粉層冒出的泡沫含有苦澀成分與雜質，如果讓這些不好的味道流到下壺，恐怕會毀掉一壺好好的咖啡。

NG 2

**◆用滾水沖煮**

千萬別用滾燙的水沖咖啡！用沸水沖煮的咖啡不只味道苦，質感也很粗糙。

從今天開始快樂的咖啡人生吧！想要沖出更好喝的咖啡，我們各有3件「應該避免的行為」、「做了會更好的行為」。這些行為都不會太困難，只要遵守這些原則，你一定能泡出比以前更好喝的咖啡！

# OK

## OK 1 ◆測量重量

準確計量，就能泡出和上一次一樣好喝的味道。反過來說，如果沖出來的味道不理想也可以透過記錄分析原因。

## OK 2 ◆篩除多餘細粉

細粉是造成味道混濁的原因，去除細粉可以讓咖啡的味道更乾淨、集中，明確表現咖啡豆本身的特色。

## OK 3 ◆事先溫熱器材

咖啡的入口溫度也是很重要的一點。為了在「適飲溫度」喝到咖啡，器材也要事先溫熱。

# NG 1

## 研磨度太細

咖啡豆的研磨度大致上分成「細研磨」、「中研磨」、「粗研磨」。以濾紙手沖來說，中研磨的粗細度最剛好。細研磨則較適合用來做義式濃縮和土耳其咖啡。

太細的咖啡粉會減緩萃取液的流速，這也代表細粉堵住了濾紙。

### 容易萃取過多雜質、苦澀成分 破壞咖啡味道平衡

「明明買了喜歡的咖啡豆回來，卻沒辦法泡得跟店裡一樣好喝。」相信許多讀者都有這個煩惱。會這樣一定有原因。第一件事情，請先確認咖啡粉研磨粗細度是否妥當，檢查你的豆子是不是磨太細了。手沖咖啡的理想粒徑應該是１㎜左右，約莫半顆芝麻的大小。

## 造成雜味與澀感的原因

咖啡的味道也分成討喜與不討喜的部分。

太細的咖啡粉會塞住濾紙的縫隙，導致萃取不均勻。而且也會拉長沖煮時間，以致過萃，也就是提取出過多的成分，讓咖啡喝起來「不乾淨又苦澀」。

**1** 緩慢注水，充分浸溼咖啡粉。熱水量大約與咖啡粉的分量相同。

**2** 過了很久才開始有東西滴落下壺，代表萃取時間拖太久。從這一刻起，咖啡的風味就已經急轉直下。

**3** 水一直積在濾杯，流不下去。感覺像在慢慢累積雜質和苦澀成分。

**4** 就算增加水量也無法加快流速。咖啡粉看起來沒有膨脹，反而像是一攤泥水。

**5** 沖煮完畢的狀態。黏稠的咖啡粉掛在濾紙上，萃取出過多風味成分。

# NG 2

## 用滾水沖煮

咖啡粉碰到太燙的水會快速膨脹，形塑出成功的假象。
但粉層膨脹得再好看也不代表沖出來的咖啡一定好喝。

水的沸點是100℃，就算煮開後馬上倒入細口壺也還有95℃。如果沒時間等熱水降到適合的溫度，可以加入總量一成的常溫水。

### 高溫容易泡出粗糙堅硬的口感 味道也容易過苦

假如你太想趕快喝到咖啡，等不及用剛煮開的熱水沖煮咖啡，最後只會得到一杯苦到不行、粗糙得超乎想像的咖啡。滾燙的熱水對咖啡粉來說很危險！想要喝一杯好喝的咖啡，沖煮水溫很重要，既不能太燙也不能太涼，理想溫度應落在80～93℃之間（詳見P41）。

## 造成雜味與苦味的原因

第一次注水的時候咖啡粉整個鼓了起來，第二次注水時冒泡也很劇烈，很多人看到這種狀況會誤以為諸事順利，但粉層外觀漂亮也不能保證咖啡一定好喝。仔細一看你會發現泡沫質地其實非常粗糙，代表萃取出過多咖啡豆本身的苦味與雜質。水溫過高容易萃取出過多咖啡粉的成分，最後泡出口感粗糙又堅硬的咖啡。

**1** 瞄準粉面中央第1次注水。咖啡粉瞬間膨脹，看樣子很順利！？

**2** 安心進行第2次注水，咖啡粉層還是膨脹得很漂亮，看起來咖啡也會很好喝。

**3** 粉層逐漸露出粗魯的一面。中央冒出的泡沫顏色變白、質地變粗，並且往周圍擴散。

**4** 粉層依然相當膨脹，而且持續冒泡、不斷排氣。

**5** 這種狀態代表「沖煮溫度過高」，暗示我們幾乎把所有苦味都萃取出來了。前方只有諸多成分混雜成一團的混沌世界在等著我們。

# NG 3 讓最後一滴流入下壺

想要泡出好喝的咖啡有個訣竅，就是在濾杯流乾之前趕緊移開。

別說是等到最後1滴，甚至在最後10滴之前就趕緊移開也比較安全。濾杯中的萃取液轉眼之間就會全部流入下壺，所以收尾階段要專心一點。

## 最後一滴集結了粗糙的雜味與苦澀的成分

濾杯中的萃取液一滴不剩地流入下壺，也可能是造成咖啡味道不乾淨的原因之一。雖然頂級咖啡或一些特殊咖啡豆即使萃取到最後一滴也很美味，但大多情況並非如此，所以必須在粗糙的雜質滴入下壺之前趕緊將濾杯移開。

## 最後一滴足以壞了一杯咖啡

漂浮在濾杯上半部的泡沫中吸附著咖啡的各種成分，也就是造成味道苦澀的雜質。假如這些成分流入下壺，好好一杯香噴噴的美味咖啡就會在嘴中留下一股粗糙的感覺，所以最好別讓最後一滴流入下壺。但問題在於該什麼時候停止萃取？我建議最後一次注水結束後觀察濾杯中的狀況，在完全流乾的前一刻迅速移開濾杯，就能確保咖啡味道乾淨。尤其在沖煮深焙豆時更不能分神！

### 萃取成分變化示意圖

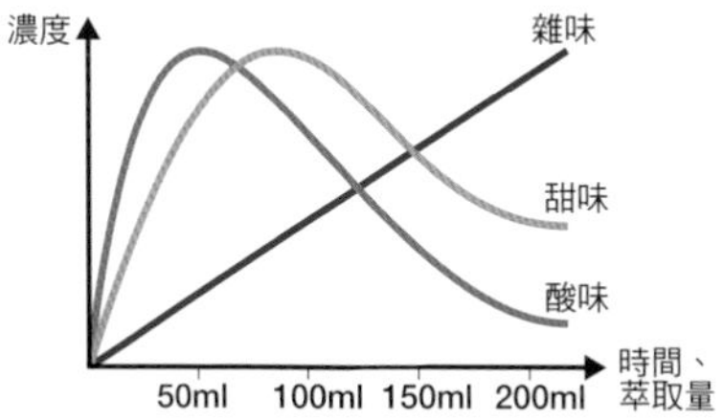


最先萃取出來的咖啡成分是酸味，所以落入下壺的第一滴萃取液喝起來偏酸，接著甜味才會出現。然後隨著時間經過便會開始出現雜味、苦味、澀感。所以想要泡出一杯味道乾淨的咖啡，最好趁濾杯中的萃取液流乾之前移開。

**1** 咖啡粉適度膨脹，泡沫細緻，照目前狀況來看能泡出一杯好喝的咖啡！

**2** 雖然準備了一個杯子讓濾杯移開時有地方放，卻不小心閃神……。

**3** 結果讓最後一滴流入下壺了。

# OK 1

## 測量重量

通常淺焙豆小而重，深焙豆大而輕。所以用同一支量匙撈出來的重量也會不同。

### 確實秤重才能屢屢泡出同樣好喝的咖啡

你是不是也想過，為什麼在家都泡不出和店裡一樣的味道？要泡出理想中的味道，首要之務是測量豆子的重量。事先設定好條件，不只能輕易泡出和之前一樣好喝的味道，泡得不好時也能藉此分析原因。

深焙豆表面有一股油亮感，顆粒飽滿。乍看之下很重，但由於含水量少，所以其實很輕。

### 烘豆時的每一次爆聲都會改變咖啡豆的重量

烘豆時，我們可以清楚看見生豆的顏色和大小改變，但其實還有其他地方也產生了劇烈變化，那就是每一顆豆子的重量。生豆在烘焙過程會先因為乾燥而收縮，表面出現深深的皺紋，接著內部殘留的水分會撐開中央線，一口氣噴出，同時發出劈哩啪啦的爆裂聲。我們稱這種聲音為一爆聲。繼續加熱下去，豆子會開始膨脹，將皺紋撐平，並於表面形成細微的龜裂。這時發出的細小撕裂聲稱為二爆聲。所以烘焙狀況不同，同樣一杓量匙的咖啡豆重量也不一樣（詳見P40）。

## 咖啡豆在烘焙過程的重量變化

**◆烘焙前的生豆**

生豆帶點淡淡的綠色，像堅硬的小石頭。由於生豆的處理法、發酵技術日新月異，近年來有愈來愈多帶有不同顏色與香氣特殊的生豆。

**◆淺烘焙 輕度烘焙～中等烘焙**

1爆結束左右時的烘焙程度。在所有烘焙過的豆子中重量較重。由於焙度較淺，顏色較淡，表面也有皺紋。

**◆中烘焙 高度烘焙～城市烘焙**

烘到2爆差不多開始的階段，豆子膨脹將皺紋撐平的程度。這階段的豆重大約比淺烘焙輕個5%，外觀較為飽滿。

**◆深烘焙 深城市烘焙～法式烘焙**

2爆過後又烘了一段時間的狀態。從豆子表面裂隙冒出的油脂讓豆子看起來油油亮亮的。顆粒看起來很大，不過重量很輕。

# OK 2
## 篩除多餘細粉

咖啡豆磨成中研磨粗細，再篩除多餘的細粉。可以像照片一樣用紅茶壺代替篩粉器。

篩粉時可以看到白白的銀皮（chaff），那是附著在咖啡豆中央線的一層薄皮。銀皮會阻礙咖啡萃取，建議拿吹球吹掉。這一個小步驟可以幫助我們泡出更好喝的咖啡。

**多做一件事，屏除雜味的肇因**

想要泡出好喝的咖啡有個條件，就是粒徑分佈要夠集中（咖啡粉粗細夠均勻）。高級一點的精密磨豆機當然能輕鬆克服這項門檻，不過一般家用設備能力有限。但只要篩除細粉一樣可以避免雜味與過萃，泡出味道乾淨的咖啡，呈現咖啡本來的優點。

## 味道乾淨才能凸顯風味特色

無論手動電動，咖啡機在磨碎咖啡豆時一定會產生細粉。這些細粉不只帶來刺激的雜味和苦味，還會堵住濾紙的縫隙，延長萃取時間，導致咖啡味道變得混濁。

去除細粉的過程稱作篩粉，如果沒有專用的咖啡篩粉器，也可以用家裡泡茶的濾網代替。去除細粉、讓粒徑分佈更集中，就能提升咖啡味道的品質。

將濾網放入任一容器，倒入磨好的咖啡粉後蓋上蓋子，充分搖盪。

**◆用泡茶濾網也 OK ！**

如果剛好有一個網目大小適中的濾網，再搭配任何一個空罐之類的容器也能達到相同的效果。如果你比較講究，我還是建議買一個專用的篩粉器。

搖盪約10～20秒後就會過濾出細粉。接著再搖個幾次，同時觀察一下過濾狀況。適度就好，不必追求粗細度完全一致。

細粉退散！這些細粉會堵住濾紙的縫隙，讓咖啡喝起來不乾不淨。

# OK 3
## 事先溫熱器材

沖煮前先溫杯。事先溫材質熱厚實的杯子和濾杯，
可以提高咖啡的保溫效果。

### 延長最佳風味持續時間的重要舉動

後面我還會仔細講解咖啡沖煮水溫的重要性，這裡我們先談談「適飲溫度」。飲品的溫度會大大影響我們味蕾的感受，所以特色在於俐落苦味的咖啡適合高溫時享用，至於口感圓潤又甘甜的咖啡則適合中溫時享用。為了延長咖啡呈現最佳風味的時間，沖煮前可以先溫熱器材。

事先溫熱器材，咖啡就能保持適飲溫度直到最後一口。多一個小動作即可延長享受的時間。

## 維持適飲溫度

偶爾會看到一些咖啡廳習慣將咖啡杯泡在裝熱水的鍋子或長方盤裡保溫，但一般在家裡很難做到這種地步。但我們可以在泡咖啡之前先以煮開的熱水澆淋濾杯與下壺，也倒入咖啡杯。濾杯和下壺溫熱後再將下壺的熱水倒入細口壺，接著就能放置濾紙，以適當的水溫沖煮咖啡了。咖啡泡好，咖啡杯也溫熱得差不多了，可以維持咖啡的適飲溫度。陶器材質厚實，保溫效果較佳，樹脂材質的濾杯和輕薄的杯子則比較適合不想太在意溫度的時候使用。

將濾杯放在下壺上，澆淋熱水。陶瓷濾杯設計上本來就兼具沖煮與保溫的功能。

想要舒舒服服喝上一杯溫熱的咖啡，建議選擇材質厚實一點的陶瓷咖啡杯。陶瓷具有良好的保溫效果，可以避免飲品降溫太快。

將下壺的熱水倒入細口壺，如果溫度剛好即可開始沖煮咖啡，溫度過低則可以再加點熱水調整。

### ◆維持試飲溫度的方法

咖啡的試飲溫度一般落在60～70℃。超過70℃時苦味會特別明顯，溫度愈低酸味的感受愈強。不過每一杯咖啡的適飲溫度都會視豆子的狀況和你當天的心情改變，所以為了確保咖啡能維持在適當的溫度，沖煮咖啡的時候也可以在底下放一個保溫座。

# 如何沖出一杯
# 好喝的濾掛式咖啡

濾掛式咖啡已經普及全球，其隨拆隨泡的特色就像即溶咖啡一樣方便，但又有類似手沖咖啡的味道與香氣，滿足了人們不想花太多時間也能喝到好咖啡的任性要求。以下介紹如何沖出一杯好喝的濾掛式咖啡。

**濾掛式咖啡攻略法！3大重點**

**POINT ❶ 確認咖啡粉鬆散均勻**
因為有時候包裝裡的咖啡粉會結塊或集中在某一邊

**POINT ❷ 用偏高溫的水沖泡**
因為濾掛包裡的咖啡粉已經磨成粉好一段時間了

**POINT ❸ 盡可能縮短浸泡時間**
因為最後剩下的萃取液一樣會帶來雜味

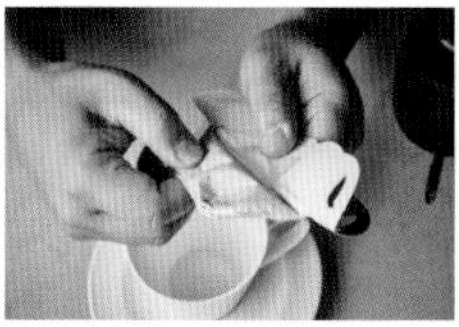

**1 將咖啡粉搓散**
有時候咖啡粉會集中於濾掛包的某個角落或結塊，所以撕開前建議先搓揉一下。

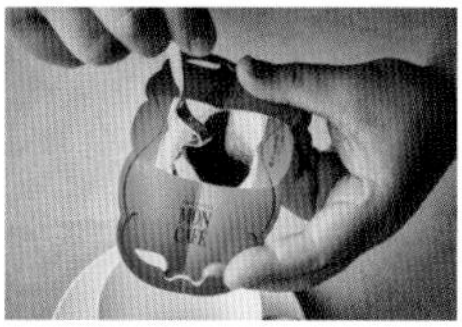

**2 拿湯匙拌勻**
撕開濾掛包，如果發現咖啡粉還是分布不均，可以拿湯匙輕輕拌開。

**3 以高溫熱水沖泡**
使用90度以上的熱水，往中央溫柔注水，小心別淋到邊緣的濾掛包。

**4 等待30秒**
浸濕整體咖啡粉後靜待30秒，沖煮準備正式完成。

**5 注水**
水位升至濾掛包70%的高度後持續注水，維持水位高度。

**6 盡快移開濾掛包**
咖啡粉若泡在水裡容易造成過萃，讓咖啡喝起來有雜味，所以應盡快拿開。

濾掛包的咖啡粉分量不多，通常只有7～9g，如果用小咖啡杯裝還行，但換成馬克杯可能就不太夠了。這種時候可以使出泰三流小祕訣，將2包濾掛包的咖啡粉混合成1包一起沖泡。如果覺得沖出來太濃可以再添加熱水調成2杯。這種作法也能盡情享受濾掛式咖啡的美好。

Part.2

# 進階玩家必看
# 手沖咖啡基本功養成班

對剛開始嘗試在家泡咖啡的人來說，手沖是最好入門的方式。不過手沖咖啡的器材那麼多，使用方法也五花八門，往往令人不知道該從什麼東西開始買起。這個章節會介紹如何挑選咖啡豆、沖煮器具，並仔細講解專家的沖煮技巧，帶大家學會沖出符合自己喜好的咖啡。事不宜遲，趕快進入主題吧！

LESSON 1

泰三

# 新手泡也好喝的精選咖啡豆

相信大家都希望能從一杯講究的手沖咖啡之中，感受到親手沖泡出美好滋味的感動。所以豆子的選擇相當重要。家裡沒有磨豆機的人或許也只能買現成的咖啡粉，如是這樣，我建議找那些能現場挑豆、現場磨粉的店家購買。也可以找一些樂於和客人分享簡單建議的店家。如果你才剛開始接觸咖啡，還不確定自己喜歡什麼風味，可以參考以下推薦的幾款咖啡豆。

**銷量長紅的**
**超人氣咖啡豆**

這是咖樂迪咖啡農場創業以來始終人氣No.1的綜合咖啡豆，特色是充分表現了巴西豆本身的溫潤甜味，口感柔順、甜韻悠長，整體風味平衡非常好。除了泡成黑咖啡，也有很多人喜歡加糖加奶。

MILD KALDI ／ 200g
咖樂迪股份有限公司

### 自選生豆品牌再交由專人代烘成喜好焙度

這款綜合豆調配了印尼、瓜地馬拉、葉門的咖啡豆（阿拉比卡種），喝起來有摩卡獨特的香氣，酸味俐落、甜味圓潤、苦味偏強、口感厚實。消費者可以自行選購生豆，並任意指定8階段焙度、18種研磨度（含完整顆粒）。

港橫濱綜合 ／ 200g（生豆重）
株式會社Fresh Roaster珈琲問屋

### 繁複風味溫柔漫開的招牌配方豆

清亮的酸味、溫潤的口感與甜味，每種風味都不會互搶鋒頭，給人一種穩健的安心感。烘豆師全年都在剖析每種咖啡豆的個性、尋找最佳平衡，並持續微調這款綜合咖啡的配方。每一包豆子都能喝到烘豆師精湛的手藝。

#3 MILD & HARMONIOUS ／ 200g
株式會社崛口珈琲

### 喝不膩的黃金比例配方

這款咖啡豆開發的初衷是找出「人人都愛的綜合豆」、「一天可以喝上好幾杯的咖啡」。經典配方充分表現出咖啡如水果般的迷人酸味、溫和的馨香、適度的苦味與厚實度以及清爽的尾韻，嚴選優質咖啡豆並以黃金比例調配，兼顧易飲性與滿足感。

#05 THE BEST BLEND ／ 100g
R.O.STAR（株式會社Nonpi）

### 精品咖啡 100%綜合豆

丸山珈琲的綜合豆從創業以來始終維持傳統的深焙風格，但口味上也有與時俱進。現在的綜合豆擁有更多奔放的香氣、巧克力感以及俐落的尾韻。我會推薦使用法式壓沖煮，保留含有咖啡香氣的油脂。丸山珈琲每一季都會挑選適合的咖啡豆來設計配方。

丸山珈琲綜合 ／ 200g
株式會社丸山珈琲

### 濃縮了繽紛絢麗的香氣

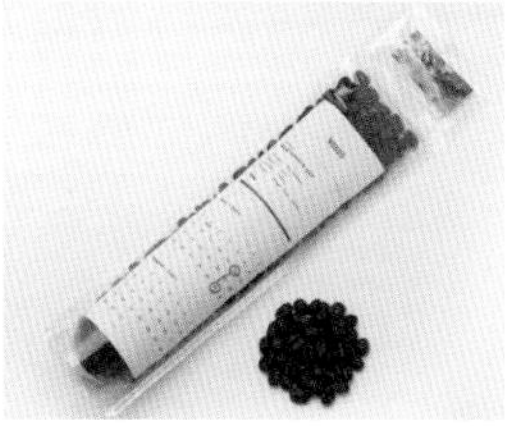

有酸味、有苦味、有厚實度、有甜味，還有一點點的澀感，所有風味元素渾然一體，明明是單品豆，卻擁有綜合豆的風貌。焙度為中烘焙，風味架構平衡。NOUDO相當重視咖啡豆的新鮮度與熟成度，所以自己開發了一款包裝袋，可以確實鎖住豆子烘焙後的香氣。

Guatemala GCF ／ 100g
NOUDO（株式會社COURO）

### 適合任何情況下飲用的咖啡

這款咖啡豆的概念是「讓一天喝好幾杯咖啡的人天天喝也不會膩的味道」，選用甜中帶苦的巴西豆，搭配酸味輕柔的哥倫比亞豆。整體風格輕盈，口感清爽，並且擁有豐富的香氣。

成城石井綜合（豆）／ 500g
株式會社成城石井

LESSON 2

# 磨豆機使用方法與保養方法

## 了解電動、手動各自的屬性，選擇合適的磨豆機

磨豆機分成手動式和電動式，如果你是需要一次沖大量咖啡的人，建議選擇按下開關就能輕鬆磨出穩定粗細度的電動磨豆機。如果你喜歡細心沖泡每一杯咖啡，手動式會是不錯的選擇，磨豆時回饋到手上的震動也很舒服。使用磨豆機之前要先調整好粗細度，至於刀盤也分成很多種類型，每一種磨出來的咖啡粉各有特色。請先了解自己手邊磨豆機的屬性（粗細度和均勻度），並好好享受自己喜歡的磨豆方式。

**保養用毛刷**

買磨豆機時可以順便購買2枝毛刷。
柔軟的馬毛刷和偏硬的豬毛刷用途不同。

## 電動式

插電即可使用。放入咖啡豆，打開電源，就能輕鬆磨出粗細均勻的咖啡粉。需要一次泡2杯以上的咖啡時建議使用電動式磨豆機。

### 1 對準刻度

依照希望沖煮風味調整研磨粗細度。每款磨豆機都有自己的一套刻度和號碼。

### 2 放入豆子

將秤好重量的咖啡豆放入豆槽（磨硬豆時請先啟動機器再放入豆子）。

### 3 啟動

出粉口底下放一個杯子接粉。按下開關之後機器就會磨出你希望的粗細度。

## 手動式

放入咖啡豆，轉動把手即可研磨。維持一定的轉動速度，咖啡粉的粗細度會比較均勻。磨豆時傳到手上的震動感非常舒服。

### 1 設定

準備好咖啡豆，調整粗細刻度。

### 2 放入豆子

將咖啡豆倒入磨豆機的豆槽。

### 3 研磨

轉動把手磨豆，感覺磨不到東西的時候即完成。

## 定期保養磨豆機才能維持咖啡品質

刀盤是磨豆機的命脈。想要時時享用好咖啡，一定要定期保養磨豆機。假如你經常研磨油脂較多的深焙豆則更需要勤加清理。至於比較常磨淺中焙豆子的機器，也建議三個月保養一次。

### 手動式

#### 1 拆解零件

小心拆卸磨豆機，別弄丟零件了。拆解完後清理內部的咖啡粉。

#### 2 清潔細小髒汙

手動磨豆機以錐形刀盤居多，鋸齒部分非常銳利，清理時小心別割傷手。

### 電動式

#### 1 拆解零件

電動磨豆機的構造大多都很簡單，只要小心別弄丟零件就好。

#### 2 清理殘粉

先用柔軟的長刷毛刷出殘留在機器裡的咖啡粉。

#### 3 清理細小粉末

接著換較硬的短刷毛清理細粉和油脂。

※ 清理電動磨豆機之前務必拔除電源。

**濾紙式手沖的必備器材**
前排左起：濾紙、咖啡豆、磨豆機、自己喜歡的咖啡杯
後排左起：放濾杯的杯子、下壺＆濾杯、細口手沖壺

LESSON 3

# 手沖前的準備

## 準備好所需器材 沖一杯好喝的咖啡

手沖是一般人在家泡咖啡最主流的方式。手沖器材上也分成濾紙和法蘭絨濾布等不同形式，新手的話我建議濾紙式手沖，因為只需要將濾紙放入濾杯、注入熱水就能泡咖啡。濾紙可以吸收咖啡的雜質與油脂，留下乾淨的風味。趕緊準備好器材、咖啡豆和熱水吧。

**硬水**
Contrex 礦翠天然礦泉水是硬水的代表，其硬度（每1L）高達1468mg。水源來自孚日山脈Contrexeville山谷的天然湧泉。

**軟水**
源自日本南阿爾卑斯的水，硬度（每1L）僅有約30mg。軟水的特徵在於礦物質含量少，喝起來口感較柔順，可以烘托咖啡本身的風味。

## 咖啡與水的美味關係

一杯咖啡有98%是水，可見水質對咖啡風味的影響有多大。水依照礦物質含量高低可分為「硬水」與「軟水」，手沖上使用軟水能沖煮出風味馥郁、口感圓潤的咖啡。不過像義式濃縮這種苦味強勁的咖啡，有時也會刻意使用硬水沖煮。此外，鹼性水可以軟化咖啡的酸味、促進萃取，泡出比較柔和的質感。若使用一般家中自來水請記得使用濾水器或事先煮沸，消除消毒水的味道後再拿來沖煮咖啡。

沖煮用水 pH 值與咖啡味道的關係

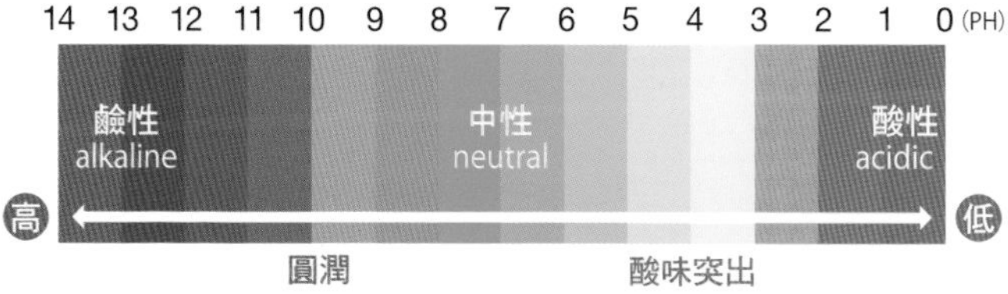

**測量淺焙豆**

淺焙豆顆粒小且重。即使豆子品牌相同，不同焙度的情況下，量匙一匙的重量也可能差到4g之多。每家廠牌生產的量匙容量也都不一樣。

**測量深焙豆**

量匙放著不動，電子秤歸零。接著倒入咖啡豆。深焙豆的顆粒雖然較飽滿，但其實重量很輕。

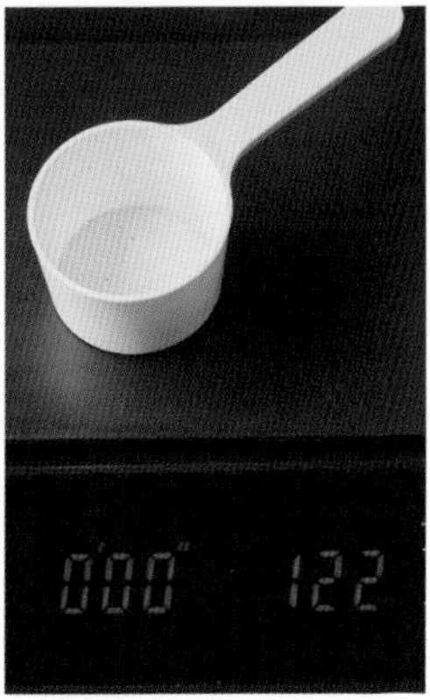


**測量量匙**

將量匙放上電子秤，測量量匙本身的重量。

| 廠牌 | 量匙 | 淺焙豆 | 深焙豆 |
|---|---|---|---|
| HARIO | 12g | 16g | 12g |
| KONO | 12g | 14g | 10g |
| Kalita | 5g | 12g | 9g |
| Melitta | 6g | 9g | 7g |

上表使用同一批生豆、不同焙度，並以約一平匙的分量測量編制。表記數字為小數點以下四捨五入。

LESSON 4

# 咖啡豆的分量與最佳沖煮水溫

**咖啡豆的重量和焙度有關**
**每個廠牌的量匙容量也不一樣**

我在OK行為1（詳見P26）提過，烘焙過程會改變咖啡豆的重量，所以最好每次沖煮前都秤一下豆子的重量。但如果嫌麻煩，量匙也是很方便的工具。一般來說一匙就是一人份，不過每家廠牌生產的量匙容量也不一樣，因為他們都有一套自己覺得「好喝」的分量。所以建議各位事先測量一下自己的量匙一匙可以裝幾公克的咖啡豆。

## 水溫的判斷基準

水開始劇烈鼓動。這時關火並將熱水倒入室溫狀態的細口壺，便會得到適合沖煮咖啡的水溫。

完全煮開！100℃的水拿來沖咖啡實在太燙了，除非是自來水才需要事先煮沸一次。煮開的水倒入細口壺後應靜置片刻，或加水調整溫度。

底部開始冒出小泡泡。

小泡泡逐漸變大，數量也變多。

開始冒出大泡泡，水也開始鼓動。

## 如何判斷適宜水溫

最適合萃取咖啡的水溫為80～93℃。水溫太高往往會帶出雜味與苦澀味，然而太低溫也泡不出好喝的咖啡，只會導致酸味過度突出、風味提取不完全。如果使用礦泉水，請在沸騰前停止加熱。如果使用自來水，請先完全煮沸之後靜置降溫。熱水煮好後即可倒入細口壺，而且最好準備一個溫度計測量水溫。如果沒有溫度計，則可待水壺中的水煮沸後靜置個一、兩分鐘再倒入細口壺，這時的水溫會落在85～90℃之間，適合用來沖煮咖啡。

LESSON 5

# 放好濾紙，倒入咖啡粉

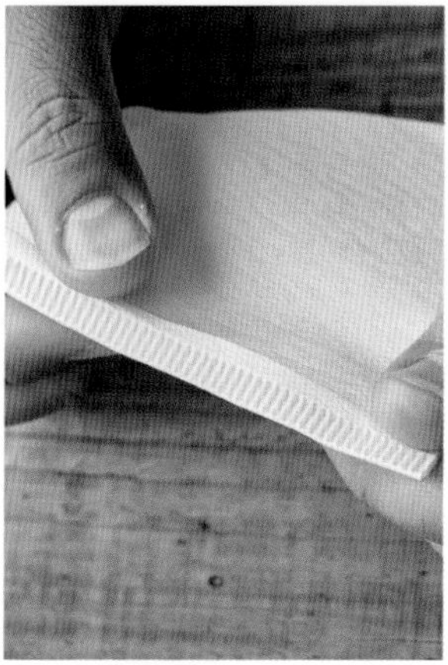

1 **折起邊緣**
折好濾紙邊緣以貼合濾杯形狀。

2 **撐開濾紙**
捏好折疊處，用手指撐開濾紙。

3 **調整形狀**
也可以從90度方向壓出一道淺淺的折痕。

4 **放入濾杯**
確認濾紙是否貼合濾杯。

**器材擺設就緒**
**正式動手沖煮**

由於各個廠牌對於「好喝」的咖啡都有不同的解釋，所以做出來的濾杯、下壺、濾紙造型也不一樣，因此最好全部都買同一家做的公司貨，並且採用適合該器具的沖煮手法，才能最大限度提取咖啡的風味。首先將濾紙折成符合濾杯的形狀後放入濾杯，就可以進入沖煮環節了！

# 磨豆、倒粉、整平粉面

**1 裝入豆子**
將秤好重量的咖啡豆倒入磨豆機。

**2 研磨**
如果是手動磨豆機，則轉動把手研磨。轉動時回饋的震動感很舒服。

**3 倒入咖啡粉**
將磨好的咖啡粉倒入濾杯。中研磨的咖啡粉粒徑約為1mm。

**4 整平粉面**
輕拍粉面較低的一側，小心別拍過頭！

**5 準備 OK！**
熱水達到適合的溫度後就可以開始沖煮了！

接著要將咖啡豆磨成粉。研磨度可大致分為粗、中、細三種程度，中研磨比較適合手沖。使用手動磨豆機時，一開始會感覺到一點阻力，但不用多久就會變得很順暢，這種手感相當舒服。多這一個小步驟就可以讓咖啡變得更好喝。咖啡粉磨好後倒入濾杯，並輕拍濾杯整平粉面，拍的時候別太大力，否則咖啡粉會依顆粒粗細分層。

LESSON 6

# 基本手沖步驟

**1 中心點注水**
瞄準粉面中心注水。使用細口壺的好處是容易掌控注水位置，沒有的人也可以用茶壺代替。

**2 點滴式注水**
充分浸濕咖啡粉後，改用點滴的方式慢慢滴落熱水。新鮮的豆子往往膨脹情形更明顯，所以要小心別將粉層沖塌。

**3 第 1 滴咖啡**
約莫20～30秒後，就會開始有咖啡萃取液滴落下壺。照片為注水量與粉量大致相同時的狀態。

**4 第 2 次注水**
待咖啡開始流入下壺，咖啡粉膨脹狀況消停後繼續溫柔注水，小心別讓粉層塌陷。好好享受香氣，並仔細觀察咖啡的模樣。

## 粉層排氣膨脹的瞬間 正是咖啡活著的證明

手沖的方式千變萬化，這裡是以中~深焙豆示範中規中矩的基本手法。一般來說咖啡豆焙度愈深、愈新鮮，沖煮時粉層愈有可能大幅膨脹。我們一開始要從中心點開始慢慢浸濕所有咖啡粉，這時要避免破壞膨脹的粉層結構。前面二、三十秒浸濕並促使咖啡粉排氣的過程稱為「悶蒸」。請根據泡沫的顏色與粉層膨脹狀況調整注水速度。一開始先培養紮實基礎，熟悉後再摸索自己喜歡的沖煮手法。

**5 粉層膨脹**

粉層開始膨脹、排出氣體。如果你聽到咖啡粉在呼喊「撐不住了！粉層要塌啦！」請停止注水。

**6 第 3 次注水**

待膨脹粉層的咖啡萃取液累積到能覆蓋下壺底面後，馬上接著注水。注水時必須注意粉層所能承受的容量。

**7 別等流乾才加水**

像深呼吸一樣注注停停，但小心別拖太久，否則咖啡容易出現苦澀的口感。

**8 得到所需分量後停止**

當下壺的咖啡萃取液達到目標刻度即完成。每個廠牌的下壺刻度標示不一，不過一般一杯咖啡大約是130ml。

## 最後移開濾杯

我在NG行為的部分也提過，要避免含有許多雜質與苦澀成分的最後一滴萃取液落入下壺，這麼一來才能放心享用討喜的風味。

通常底部的咖啡比較濃，所以飲用之前記得搖晃下壺將咖啡混合均勻。

在萃取過程即將結束時移開濾杯。有興趣的人可以嘗嘗看最後這幾滴咖啡萃取液。

## 調整手法，沖出理想風味

# 乾淨感

只要調整沖煮方式，咖啡也能像葡萄酒一樣展現清爽或飽滿等不同的面貌。這一節我會介紹如何沖出口感偏明亮的咖啡，器材部分建議選擇肋骨*較長、濾孔較大的濾杯。

*濾杯內側的溝槽

**建議使用淺焙豆**
我選用衣索比亞的水洗豆，淺焙、中研磨，沖煮口感乾淨清爽的咖啡。

**1 注入熱水**
一口氣浸濕所有咖啡粉。注入的水量要略多於粉量。

**2 靜待1分鐘**
注水後放著不動1分鐘，等咖啡粉內部的二氧化碳充分排出。

**3 一口氣灌滿水**
大量注水直到淹滿濾杯。儘管大膽注水，不必在意粉層是否塌陷。

**4 大量注水**
待水面降低至一半時，再次注水灌滿濾杯。感覺就像泡紅茶時用強勁水流翻攪茶葉一樣。

**5 流乾前移開濾杯**
達到目標量後迅速移開濾杯，避免最後一滴萃取液落入下壺。

## 咖啡的顏色不是一片黑 而是通透的紅褐色

咖啡的香氣、風味乃至於顏色都會因為烘焙方式、沖煮方式而呈現截然不同的樣貌。前面介紹的基本手沖手法萃取速度偏慢，如果想要泡出「乾淨感」，必須先一口氣浸濕所有咖啡粉，後續也要用較強的水流快速給水。這樣沖出來的咖啡口感會像茶一樣乾淨且明亮，顏色也會是澄澈的紅褐色。如果你不習慣慢慢泡、苦味強勁且厚重的咖啡，這種沖煮手法就很適合你。難得沖出一杯這麼漂亮的咖啡，不妨倒進葡萄酒杯，欣賞咖啡的顏色，感受溫度帶來的變化吧。

**6 倒入葡萄酒杯**

下壺的咖啡稍微放涼一些後溫柔倒入葡萄酒杯。※若使用杯壁較薄的酒杯請事先溫杯再倒入咖啡。

**7 通透的紅色**

明亮的紅色甚至令人懷疑杯子裡裝的不是咖啡，香氣聞起來也充滿水果似的香甜。

**8 享用時刻**

外觀簡直和紅酒沒兩樣，直到入口的那一刻才知道是咖啡。放涼至常溫後搭起司也很不錯。

# 調整手法，沖出理想風味　厚實感

日本老派咖啡館給人的印象就是那種醇厚無比的咖啡。那味道苦得強勁、口感濃厚、尾韻又帶一點酸。這一節我會介紹如何沖出這種老派風格的香醇咖啡。器材部分建議使用肋骨較短、流速較慢的濾杯。

**建議使用深焙豆**
我選用瓜地馬拉的深焙豆、粗研磨，沖煮苦味紮實的咖啡。

**1 點滴式注水**
讓熱水慢慢滴落粉面中央，並留意粉層膨脹狀況。

**2 慢慢向外繞**
維持點滴方式向外繞，慢慢擴張膨脹的部分。接著靜待20～30秒直到粉層停止膨脹。

**3 濃郁的咖啡開始滴落**
濃稠的咖啡萃取液開始滴入下壺，這部分就是整杯咖啡風味的濃縮液。

**4 第2次注水**
配合粉層膨脹狀況溫柔注水，直到濃縮萃取液完全覆蓋下壺底面。

**5 稍微晃動濾杯**
在點滴注水的同時，可以用另一隻手拿住濾杯微微地左右晃動，並慢慢加快萃取速度。

## 符合傳統印象的黑色液體
## 老爹們鍾情的黑咖啡

以前那個年代，很多老爹都喜歡窩在燈光美氣氛佳的老咖啡館裡，喝著又苦又濃的咖啡，不時吞雲吐霧一番。法蘭絨濾布手沖更是與這種濃郁風格根深柢固的傳統咖啡館文化如影隨形，很多人也習慣自行加糖、加奶，將濃厚的黑咖啡調整成自己喜歡的口味。法蘭絨濾布的材質和紙不一樣，沖煮時會保留較多咖啡的油脂，搭配深烘焙、粗研磨、低水溫等沖煮條件，就能泡出一杯口感沉穩、柔順、甘甜的咖啡。不過我們用濾紙一樣可以沖出這樣的風格。

**6 泡沫冒出**
當膨脹的粉層中央開始冒出白色泡沫，代表萃取即將結束。

**7 流乾前移開濾杯**
沖出目標量後盡快移開濾杯。只萃取目標分量的一半做成濃縮手沖咖啡也不錯。

**8 享用時刻**
和老派咖啡館如出一轍的滋味。這種厚實無比的口感，最適合想要提神醒腦時來一杯了。

# 不同器材適合的美味咖啡沖煮法

沖煮器材林林總總，每一種都背負著廠牌的歷史和文化，也有各自的特色與使用邏輯。手沖是一般日本家庭最普及的咖啡沖煮方式，而濾杯本身也暗藏許多玄機，包含俗稱肋骨的溝槽和底部濾孔在內，每個品牌的濾杯的造型都不一樣。這部分我會介紹適合在家泡咖啡用的器材，並說明什麼樣的沖泡方式能充分發揮各種器材的魅力。

## Melitta 濾杯

**濾杯型號**　AF-M1×2

**搭配濾紙**　Aromagic Natural 漂白濾紙

**推薦用豆**　哥倫比亞　城市烘焙

**內側有水位刻度**
只需要加水至標示1杯、2杯的刻度即可。

歷經多年完成進化的造型。

**1個濾孔**
濾孔位置稍高，所以最後一小部分的萃取液會積在濾杯底部。

1 **準備濾紙**
Melitta還有其他幾款原廠濾紙，有興趣可以試試看。

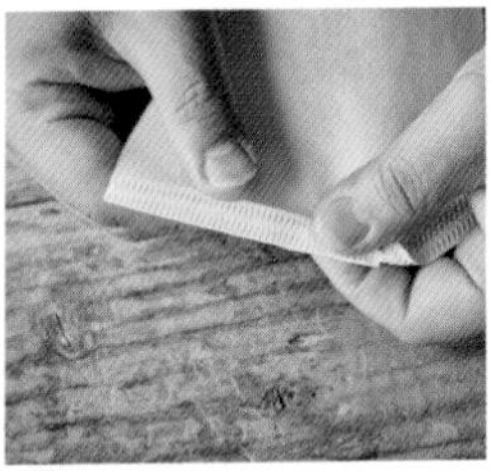

2 **翻折濾紙**
確實折起濾紙側邊的接合處。

3 **底部往反方向折**
底邊接合處往相反於側邊的方向折起。

## 梅莉塔夫人的熱情
## 開創濾紙式濾杯的歷史

德國一位名叫梅莉塔・班茲（Melitta Bentz）的女士為了讓心愛的丈夫喝到更好喝的咖啡，開發出使用濾紙沖泡咖啡的方法與搭配的濾杯。其方式為先悶蒸，接著熱水一次加至目標份量，等待濾杯中的水流完即完成。這套方法經過上百年的研究，成就現在這種單孔設計的濾杯，可以泡出口感飽滿、尾韻俐落的咖啡。Melitta在濾紙的研發上也投入不少心思，Aromagic系列濾紙擁有獨家的超細微透香孔設計，有助於咖啡油脂與香氣成分通過。底部會稍微積水的特殊構造也能達到更充分的悶蒸效果，帶出更多咖啡的馥郁。

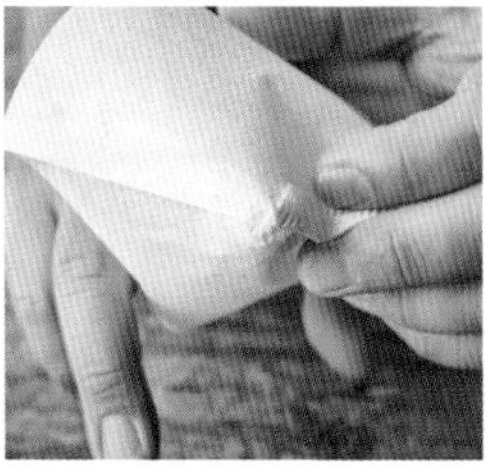

4 **撐開濾紙**
輕捏底部左右兩角，撐起立體形狀。

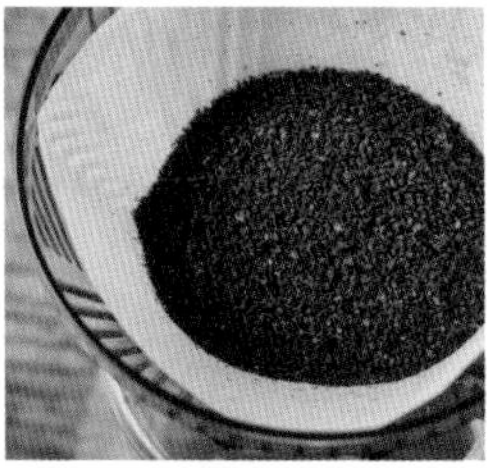

5 **準備器材**
將濾紙放入濾杯，倒入咖啡粉後整平粉面。

6 **第1次注水**
從粉面中心開始注水直到充分浸濕咖啡粉。

7 **悶蒸**
靜置約30秒待粉層膨脹消停（排氣）。

8 **第2次注水**
瞄準粉面中心注水，讓水一口氣淹滿濾杯。

9 **膨脹**
繼續注水，粉層會冒出大量泡沫。別停下來，持續給水。

10 **觀察刻度**
水位升高至標示2的刻度後停止注水。

11 **沖煮完畢**
由於濾孔位置有稍微墊高，所以流到最後一滴也沒關係。

12 **倒進杯子**
拿開濾杯，稍微攪拌下壺中的咖啡後即可倒入杯子。

# 不同器材適合的美味咖啡沖煮法

## Kalita 濾杯

**濾杯型號**　102-D
**搭配濾紙**　Kalita 102 梯形濾杯專用濾紙
**推薦用豆**　巴西　法式烘焙

**肋骨**
從底部拔立的長肋骨可以加快流速。

**底部三孔**
濾孔較多，可以穩定流速。

**1 準備濾紙**
這是一般最容易買到的梯形濾紙。

**2 先翻折底邊**
確實折起梯形濾紙底部的接合處。

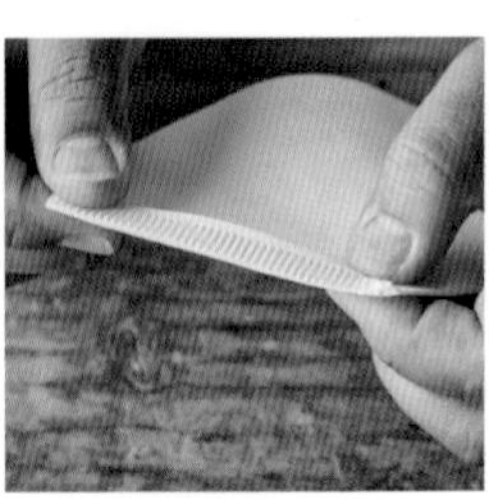

**3 再折側邊**
側邊接合處往相反於底邊的方向折起並壓實。

## 經典的三孔濾杯造就溫和風味

「Kalita式沖煮法」就是用他們獨特的三孔濾杯搭配專用濾紙沖煮咖啡。Kalita濾杯比單孔的Melitta更容易加快流速，能透過改變斷水次數和注水速度輕易調整風味。比較需要注意的是濾紙的部分，如果沒放好可能會導致三個孔的流量不均。我們常聽說手沖時要繞著「の」字形注水，據說這個耳熟能詳的傳統觀念就是Kalita推廣開來的。長長的肋骨可以加快流速，同時又能確保咖啡粉和熱水確實接觸，形成有層次又溫和的口感。

4 **第1次注水**
整平粉面，從中心點開始以畫圓方式注水。

5 **悶蒸**
靜置20～30秒待粉層充分膨脹（排氣）。

6 **第2次注水**
膨脹消停後一樣從中心點開始進行第2次注水。

7 **第3次注水**
中央恢復平坦後，再以比前面稍強的水流繞「の」字形注水。

8 **推展粉層**
注水時想像熱水從內部撐開粉層，一路給水到粉層瀕臨塌陷的地步。

9 **停止注水**
在粉層即將塌陷前停止注水，等待流乾。

10 **沖煮完畢**
經過大大深呼吸的咖啡粉均勻吸附在濾紙上，並且留下褐色泡沫。

11 **倒進杯子**
趁完全流乾前移開濾杯，稍微攪拌下壺的咖啡後即可倒進杯子。

# 不同器材適合的美味咖啡沖煮法

## HARIO 濾杯

**濾杯型號**　V60 透明 01 樹脂濾杯
**搭配濾紙**　V60 錐形漂白濾紙
**推薦用豆**　衣索比亞水洗　中等烘焙

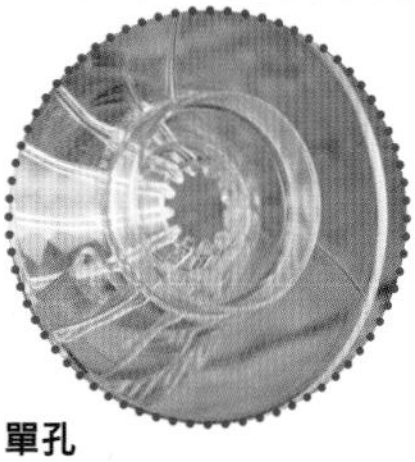

**單孔**
水流能順暢流出濾杯。

**螺旋肋骨**
肋骨一路延伸到濾杯高處，可避免濾紙與濾杯密合，加快流速。

1 **準備濾紙**
HARIO原廠濾紙分成有漂白和無漂白的款式，氣味上也有細微差異。

2 **只需翻折一處**
專為錐形濾杯設計的濾紙。

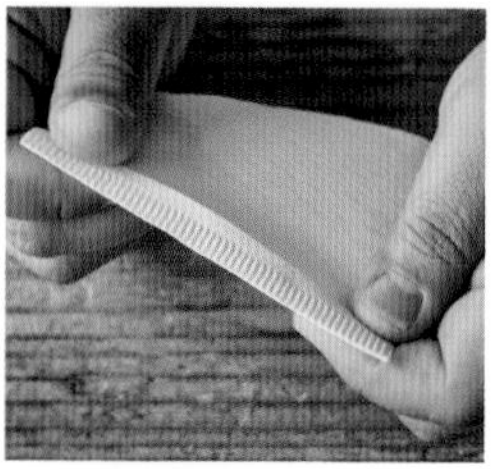

3 **翻折濾紙**
確實折好側邊接合處，避免濾紙彎起。

## 風靡全球的高流速濾杯

HARIO V60濾杯流速快又順暢，是許多人心目中沖煮精品咖啡的首選器材。其高流速的秘密，在於濾杯內延伸探頂的長肋骨和寬敞的濾孔。俗稱螺旋肋骨的漩渦狀溝槽設計可以避免濾紙與濾杯壁密合，讓咖啡粉排出的二氧化碳迅速散出。只要善用V60濾杯的容量，即可迅速萃取出咖啡的美好風味，因此用來沖煮新鮮豆子、表現乾淨風味再適合不過。以下介紹目前最先進的手沖技法，能以非常快的速度沖出透明感十足，又能清楚表現豆子特色的咖啡。

4 **準備器材**
濾紙放入濾杯，倒入咖啡粉後整平粉面。另外準備一個湯匙。

5 **第1次注水**
一口氣注入大量熱水直到充分浸濕咖啡粉。

6 **攪拌**
拿湯匙攪拌，注意別讓水面的咖啡粉附著在濾紙上。

7 **第2次注水**
第1次注水後過了約1分鐘時進行第2次注水。

8 **拉高粉面**
注入大量熱水直到淹滿濾杯。

9 **直到快滿出來**
讓水位漲高至瀕臨溢出的地步，但小心別滿出來。

10 **繼續注水**
繼續注水直到目標份量。

11 **沖煮完畢**
由於濾杯流速非常快，咖啡粉分成上面一圈和下面一堆。

12 **倒進杯子**
趁完全流乾前移開濾杯，稍微攪拌下壺的咖啡後即可倒進杯子。

# 不同器材適合的美味咖啡沖煮法

## KONO 濾杯

**濾杯型號**　MDK-21 名門錐形濾杯 2 人份
**搭配濾紙**　MD-25 河野名門錐形漂白濾紙 1 ～ 2 人份
**推薦用豆**　衣索比亞日曬　高度烘焙

**單孔**
底部的寬敞開口偏向滴濾式萃取設計，可以沖出接近法蘭絨濾布的口感。

**短肋骨**
可藉由調整粉量與注水方式調節萃取速度的設計。

**1 準備濾紙**
除了標準款濾紙，還有棉濾紙等多種款式。

**2 只需要折一邊**
濾紙為適用於錐形濾杯的特殊設計。

**3 翻折濾紙**
濾紙要折得確實一點，確保沖煮時濾紙與KONO濾杯內壁保持完全貼合。

## 專家用錐形濾杯始祖
## 配合不同沖煮手法
## 帶出多變的風味

KONO名門濾杯最吸引人的地方在於「沖煮者可以隨意掌控風味變化」。這個器材當初是為了重現法蘭絨濾布口感而開發，設定的使用對象也是職業人士，所以最適合搭配基本點滴法，緩慢沖煮出濃郁的咖啡。不過KONO濾杯的潛力其實更加深不可測，運用不同沖煮手法還能展現千變萬化的風味。由於濾杯上半部沒有肋骨，因此濾紙與濾杯之間完全密合，濃郁的咖啡萃取液會全部集中到底部的短肋部分流出，造就厚實的口感。加上氣體和液體不容易從側面散逸，我們更容易拉高粉層高度，充分運用濾杯的容量，新手也能嘗試各種手法找出自己喜歡的風味。

4 **準備器材**
濾紙放入濾杯，倒入咖啡粉後整平粉面。

5 **第1次注水**
一開始以點滴方式慢慢給水，直到完全浸濕咖啡粉。

6 **滲透粉層促使膨脹**
注水時仔細觀察粉面，直到咖啡粉開始膨脹（排氣）。

7 **第1滴咖啡**
大約30秒後便開始有濃郁的咖啡滴落下壺。

8 **第2次以後的注水**
開始有咖啡滴入下壺後，即可分次注入少許熱水，慢慢增加水量。

9 **慢慢滴落**
咖啡萃取液如絲線般慢慢流出濾杯。

10 **拉高水位**
濾紙與濾杯之間無空隙，高水位的情況下也不會有雜味流出。

11 **沖煮結束**
後半段流速會加快，因此咖啡粉幾乎都集中在底部。

12 **倒進杯子**
趁完全流乾前移開濾杯，稍微攪拌下壺的咖啡後即可倒進杯子。

# 不同器材適合的美味咖啡沖煮法

## 聰明濾杯

**濾杯型號**　Clever 聰明濾杯 L 尺寸
**搭配濾紙**　尺寸合適的市售品
**推薦用豆**　古巴　高度烘焙

當聰明濾杯放到下壺上，活塞閥才會打開並流出咖啡萃取液。

置於平坦處時，矽膠活塞閥會保持密閉，阻止熱水外流。

**1 準備濾紙**
聰明濾杯沒有專用的原廠濾紙，使用一般市售濾紙即可。

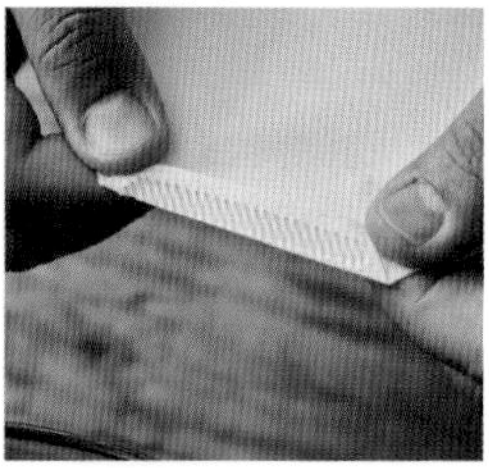

**2 翻折濾紙**
翻折梯形濾紙底邊的接合處。

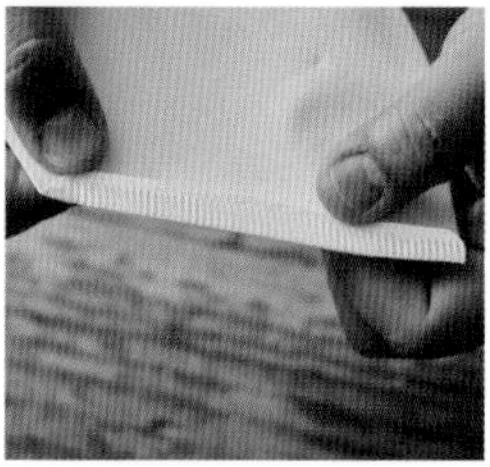

**3 反方向翻折**
側邊的接合處則往相反於底邊的方向翻折。

**4 準備器材**
濾紙放入濾杯，倒入咖啡粉後整平粉面。

## 來自台灣的濾杯
## 採用完整提取風味的浸泡法*

聽明濾杯結合了法式濾壓壺、虹吸壺、濾紙式濾杯的優點，可謂第三波咖啡浪潮的表徵。只要使用聰明濾杯，人人都能輕鬆模擬精品咖啡最經典的享受方式（杯測）。聰明濾杯的濾孔平常為緊閉狀態，只有將濾杯放到下壺或咖啡杯上時才會打開讓杯中液體流出。將咖啡粉浸泡在熱水中可以萃取出更完整的香氣，例如淺焙豆搭配高水溫（93℃）就不會浪費任何一絲美味。非常推薦各位試試看用聰明濾杯沖泡品質優良的精品咖啡豆。

**5 開始沖煮**
將濾杯放在桌上，加入偏高溫（93℃）的熱水。

**6 一次注滿**
加水直到淹滿濾杯。此時濾杯一定要放在平坦處。

**7 攪拌**
拿湯匙輕輕攪拌，動作像是要將所有咖啡粉壓進水中。

**8 浸泡**
蓋上蓋子，設定計時器。

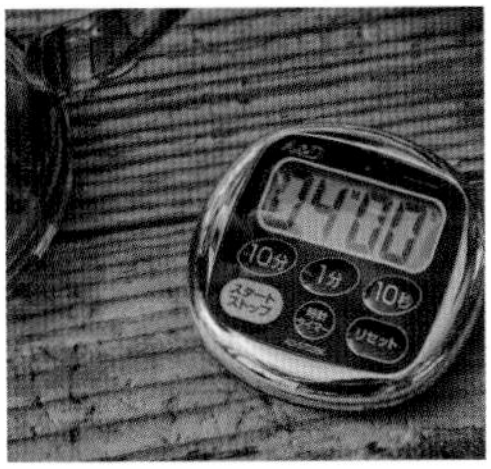

**9 等4分鐘**
4分鐘後即完成萃取。

**10 放上下壺**
當濾杯放上下壺，底部的矽膠閥就會打開，流出咖啡。

**11 咖啡流出**
濾杯中的咖啡萃取液會快速流出。

**12 沖煮結束**
就算流到最後一滴也無所謂。

**13 倒進杯子**
在家也能輕鬆體驗杯測樂趣。

※讓咖啡粉浸泡在熱水中，經過一段時間後再分離粉水的沖煮方式（詳見P.69）。

# 不同器材適合的美味咖啡沖煮法

## 法式濾壓壺

**濾杯型號**　bodum CHAMBORD 法式濾壓壺
**推薦用豆**　哥斯大黎加　高度烘焙

金屬濾網與上蓋為一體的構造。咖啡粉的研磨度應以無法通過濾網孔隙的中～粗研磨為佳。金屬濾網和濾紙不同，能夠充分保留咖啡的油脂，用於沖煮精品咖啡豆時能更加完整品嘗美好風味。

1 **倒入咖啡粉**
拿起上蓋，將咖啡粉直接倒入壺中。

2 **第1次注水**
加入熱水充分浸濕咖啡粉，計時器設定4分鐘。

3 **悶蒸**
浸濕咖啡粉後靜置30秒悶蒸，讓咖啡粉排氣。

## 新手也能簡簡單單享用最完整的咖啡風味

法式濾壓壺為法國開發的沖煮器材，又名法國壓，旨在享受咖啡豆的原汁原味。據說法式濾壓壺最早引進日本時是被當成泡紅茶用的器具。法國壓的金屬或尼龍濾網會保留咖啡豆的油脂，因此泡出來的咖啡外觀會有點混濁。法式濾壓壺的操作方法非常簡單，只需要將咖啡粉和熱水加入壺中浸泡即可，至於萃取時間則比照精品咖啡杯測標準設定為四分鐘。簡單幾個步驟，就能享用符合全球標準的咖啡。

**4 第2次注水**
加水至高水位，也可以拿湯匙攪拌。

**5 蓋上蓋子**
蓋回一開始拿掉的蓋子。須注意壺嘴方向。

**6 靜置4分鐘**
計時器響聲後，一手扶著把手，一手放在壓桿上。

**7 按壓**
垂直壓下濾網，動作不要太快。

**8 繼續按壓**
稍微用點力，慢慢壓下濾網，將咖啡粉輕輕推往底部。

**9 按壓到底**
將濾網與咖啡粉按壓到壓不下去的地步。

**10 濾壓結束**
咖啡粉集中在底部，上面只有咖啡萃取液。

**11 倒進杯子**
維持濾網在底部的狀態，將咖啡倒入杯中。但不要全部倒完，因為最後一部分通常會有細粉殘留。

# 不同器材適合的美味咖啡沖煮法

## 愛樂壓

**濾杯型號**　AEROPRESS 愛樂壓
**搭配濾紙**　專用濾紙
**推薦用豆**　巴拿馬藝妓　高度烘焙

**愛樂壓的零件**
左起：沖煮座＆壓筒、漏斗、濾紙、攪拌棒、量匙。

1 **放好濾紙**
將濾紙放入濾蓋。

2 **組裝器具**
將沖煮座套進壓筒約1.5cm。

3 **倒入咖啡粉**
漏斗對準沖煮座，倒入咖啡粉。

4 **第1次注水**
注水直到沖煮座一半的高度。

## 為戶外活動而生
## 風格狂野的沖煮器材

利用氣壓萃取咖啡的愛樂壓是二〇〇〇年代才出現的新世代器具，使用方法有標準的正置法，和能夠萃取出更多美味成分的倒置法。以下介紹的是倒置法。作法非常簡單，只要將咖啡粉和熱水放入器材並稍微攪拌，靜置一～兩分鐘，即可將咖啡壓入下壺或咖啡杯。愛樂壓是戶外活動用品品牌為了讓人輕鬆享受好咖啡而開發的器材，所以相當輕便，帶在身上隨時都能簡簡單單泡一杯咖啡來喝。

5 **攪拌**
使用攪拌棒混合咖啡粉和熱水，接著靜置30秒。

6 **第2次注水**
加水淹滿沖煮座，接著等1分鐘。

7 **潤濕濾紙**
用熱水淋濕濾紙，使濾紙服貼濾蓋。

8 **蓋上濾蓋**
濾紙完全服貼濾蓋後即可旋上沖煮座。

9 **準備下壺**
將下壺蓋到濾蓋上。

10 **顛倒過來**
按好下壺，整組器材翻轉過來，換下壺在下方。

11 **按壓**
花30～40秒的時間慢慢壓出咖啡。

12 **倒進杯子**
接著即可將咖啡倒入喜歡的杯子裡享用。

**直接壓進杯子**
不一定要準備下壺，也可以直接壓進杯子。

# 不同器材適合的美味咖啡沖煮法

## 虹吸壺

**濾杯型號**　KONO Syphon 虹吸式咖啡壺　PR-2A
**搭配濾紙**　專用濾紙
**推薦用豆**　印尼曼特寧　城市烘焙

**虹吸壺零件**
**左起：虹吸壺、酒精燈、防風罩、立架、 上蓋、 攪拌竹棒**

**1 加入熱水**
下壺加入稍微多於目標刻度（此處為2杯量）的熱水。冷水也可以。

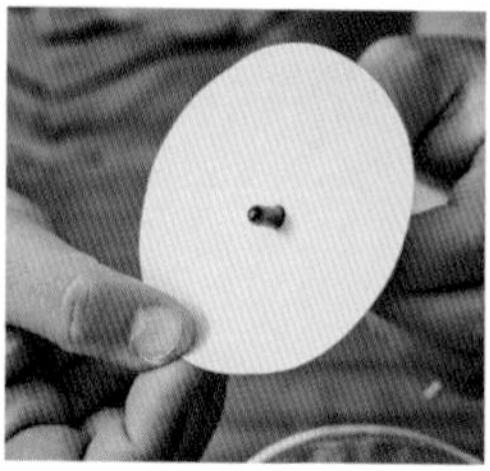

**2 裝上濾紙**
濾紙正面較粗糙、背面較光滑。正面朝上。

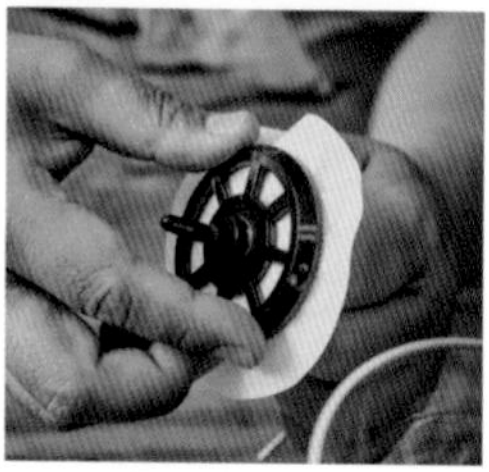

**3 夾緊濾紙**
將濾紙牢牢夾在濾器之間。除了濾紙之外也有濾布的形式。

**4 設置濾器**
濾器裝好濾紙後，即可放入上壺。

## 充滿懷舊感的咖啡器材
## 傳承老咖啡館的美學

虹吸壺的操作方法是用酒精燈加熱下壺的水，藉由氣壓的變化萃取咖啡，過程看起來就像一場化學實驗。而且整組器材造型漂亮，放著當擺飾也很美觀。虹吸壺屬於浸泡法器材，能煮出苦感俐落、香氣豐富的咖啡，上壺的咖啡一口氣流入下壺的景象更是一大享受。二戰剛結束的那個年代咖啡豆相當昂貴，而淺焙豆雖然本身有重量，泡出來的味道卻很淡，因此傳統咖啡館最經典的做法就是使用虹吸壺盡可能萃取出風味成分。能夠明確表現咖啡豆本身成分與香氣的虹吸壺，可謂老咖啡館文化的古典象徵。

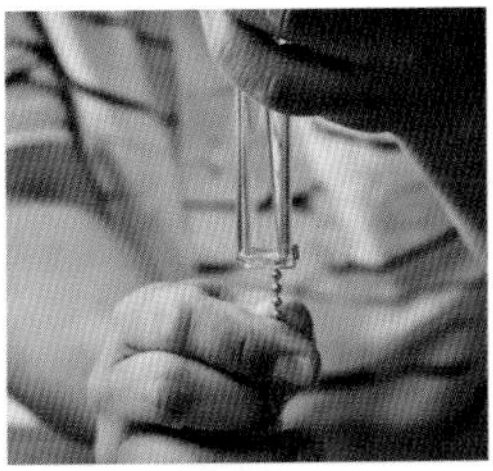

**5 勾好掛鉤**
將濾器底下的掛鉤與鐵鏈（突沸鏈）穿過玻璃管，並確實勾住玻璃管底部。

**6 放上下壺**
將上壺斜插進下壺。先放著就好，不要完全塞起來。

**7 煮水**
酒精燈點燃後推入下壺底下，將水煮沸。請仔細觀察鐵鏈！

**8 咖啡粉倒入上壺**
鐵鍊周圍開始冒泡後，即可將原本斜放的上壺直直插入下壺。

**9 熱水開始上升**
熱水煮沸後便會慢慢往上壺跑。

**10 攪拌**
稍作攪拌，靜置30秒後再攪拌。攪拌的次數決定了成品的風味。

**11 熄火**
2次攪拌結束後等待約30秒即可熄火。

**12 大大冒泡宣告結束**
萃取液流到最後會冒出大氣泡，發出咕嚕的一聲。

**13 倒進杯子**
拆卸上壺，將下壺中的咖啡倒進杯子。

# 出好喝的冰咖啡

左起：直接冷卻法用的寮國混種豆、間接冷卻法用的巴西日曬豆、浸泡法用的巴拿馬藝妓厭氧處理豆。

**炎炎夏日，好想喝上一杯冰冰涼涼的冰咖啡。但或許很少人會自己做來喝，原因很多，比方說覺得自己做起來「味道太淡」、「沒有熱咖啡那麼香」。所以這個專欄我會介紹三個讓冰咖啡變得更好喝的重點，和任何人都能輕易上手的3種作法。**

## 冰咖啡最早出現在什麼時候？「冷飲」文化催生出的新飲品

據說冰咖啡最早誕生於一八四〇年代。當時阿爾及利亞出現一杯加了酒的冰咖啡調飲，叫作「Mazagran」。日本明治二十四（一八九一）年，東京的刨冰店也出現了名為「冰珈琲（氷コーヒー）」的飲品。進入大正時代後咖啡館開始流行起「冰鎮咖啡」，當時的作法就像傳統冰鎮西瓜那樣，是將咖啡裝進瓶子再放入井水或冰水中浸泡冰鎮，我想這正是間接冷卻法的始祖。

## 確實遵守 3 個重點 冰咖啡就會更好喝

**1. 豆子特色要強烈**
冰咖啡適合用特色強烈一點的豆子，例如深焙的日曬豆或厭氧處理的豆子。

**2. 高溫沖煮**
以 93 ～ 95℃的高水溫沖煮（浸泡法除外）出苦味較強勁、口感較醇厚的咖啡。

**3. 細研磨**
咖啡粉磨細一點可以泡出更濃郁的味道，之後加冰塊稀釋時味道也不會變得太淡。

### 追加一個小提醒‼

**泡完後立刻冷卻！**
咖啡泡好後必須馬上冰鎮。放著自然冷卻不僅會導致風味散失，顏色也會變得混濁。

# 直接冷卻法

## 帶來俐落滋味與透明質感

考量到後續加冰稀釋的需要，所以用雙倍份量的咖啡豆製作口味偏濃的咖啡，最後再直接加入冰塊急速冷卻。

**注水**
將濾紙放入濾杯，倒入咖啡粉後整平粉面，接著注水浸濕所有咖啡粉。

**開始萃取**
細研磨的咖啡粉需要更多的時間才能充分浸濕。悶蒸約30秒後便開始有萃取液滴落下壺。

**注水**
粉層排出多餘氣體，粉面趨於平坦後即可從中心點開始緩慢注水。一直重複相同動作直到萃取出目標量。

**流乾前移開濾杯**
得到目標量之後移開濾杯。

**冷卻**
在容器中裝入大量冰塊，並倒入剛泡好的咖啡。倒入時記得淋在冰塊上。

**攪拌**
迅速攪拌，均勻混合冰塊與咖啡。

**倒進杯子**
將冰咖啡倒入裝著冰塊的玻璃杯。

**Point! 創造俐落感與透明感**
泡好的咖啡直接加冰塊急速降溫，就能做出口感俐落、色澤通透的冰咖啡。

**寮國　混種豆**
（阿拉比卡×羅布斯塔）
**深焙　細研磨** 40g
**水溫**　93℃
**萃取量**　260ml
以高溫沖煮，強調苦味，最後再稀釋成輪廓鮮明、口感俐落的冰咖啡。

# 間接冷卻法

## 喝到最原汁原味的咖啡風味

由於咖啡不會直接接觸冰塊，因此能清楚喝到咖啡所有的風味。間接冷卻法可以享受到咖啡豆豐富且細緻的內涵。

**巴西　日曬豆**
**深焙　細研磨**　30g
**水溫**　90℃
**萃取量**　260ml
為了沖出偏厚重的口感，前面悶蒸的時間要稍微拉長一點。

**準備器材**
準備一個比下壺還大的盆子，加入足以包覆下壺的冰水與冰塊，待會咖啡才能迅速降溫。接著即可將濾紙放入濾杯，倒入咖啡粉。

**注水**
面對細研磨的咖啡粉，一開始注水要大膽一些，必須充分浸濕咖啡粉。

**悶蒸**
悶蒸約30秒，讓咖啡粉確實排氣。

**注水**
膨脹消停後繼續注水，慢慢撐起粉層的圓頂。這時咖啡開始慢慢滴入下壺，下壺外圍的冰塊也開始融化。沖煮前期要慢慢萃取，建構香醇與厚重感，接著再逐步提高速度。

**流乾前移開濾杯**
得到目標量後即可移開濾杯。

**攪拌**
由於咖啡是隔著壺壁間接降溫，所以要透過攪拌達到充分冷卻的效果。

**倒進杯子**
將咖啡倒入加了冰塊的玻璃杯。

**Point!　冷卻速度要快**
如果冷卻速度太慢會出現凝乳現象（cream down），就是單寧與咖啡因結合後因為分子變大，折射了光線，導致液體透明度降低、顯得混濁的現象。所以泡好的咖啡一定要迅速冷卻。

# 浸泡法

## 凸顯清爽甜感與香醇滋味

咖啡粉磨好後直接泡在冷水裡，泡到剛好的濃度後即可取出。這種簡單的方法又稱作冷泡或冷萃（Cold brew）。此外還有一種點滴式萃取的冰滴法。

**巴拿馬　藝妓**
**中焙　中研磨**　100g
**水溫**　93℃（僅使用少量）
**萃取量**　2000ml
熱水只會用於一開始淋濕咖啡粉的環節，目的是激發風味與香氣。
浸泡法適合搭配淺焙精品咖啡，享受果香的特色。

**將咖啡粉裝進濾袋**
將咖啡粉裝入市售的濾茶袋或滷包袋。

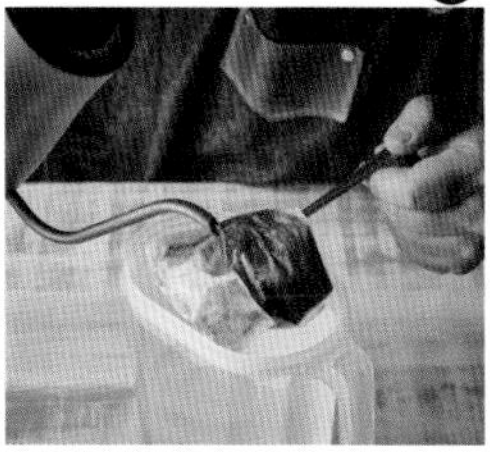

**澆淋熱水**
水壺先裝好冷水，接著將粉包放在水壺上方，用熱水淋濕咖啡粉。這個步驟可以大大帶出咖啡的風味。

**悶蒸**
為了最大限度提取咖啡粉的內涵，粉包淋濕後繼續放在湯匙上30秒～1分鐘悶蒸。

**泡入水中**
將粉包放入水壺，並用湯匙確實壓入水中，這樣才能泡出咖啡所有的精華。

**靜置8小時**
粉包沒入水中後，放入冰箱靜置8小時以上。試喝確認達到適切濃度後即可取出粉包。

**倒入玻璃杯**
將咖啡倒入裝著冰塊的玻璃杯。咖啡粉的油脂與甘甜在浸泡過程得到充分萃取，喝起來香醇無比。

**Point! 如果不想喝到小粉粒**
如果有咖啡粉漂來漂去或沉在底部，可以用泡茶的濾網或濾紙過濾。過濾之後的口感會更加乾淨、柔順。

# 如何泡出好喝的即溶咖啡

以往即溶咖啡給我們的觀感並不好，但其實只要掌握一些原則和技巧，就能夠泡出打破刻板印象的美味即溶咖啡。在這個繁忙的時代，或許正適合學習如何泡一杯好喝的即溶咖啡。趕快來試試看！

**1 開蓋拆膜**

這是最重要的環節！請利用美工刀完整割下內部的封膜。

**2 邊緣寬度平均**

咖啡罐口留下均勻的封膜，目的是為了之後蓋回蓋子時仍能保持密封狀態。

**3 測量分量**

即溶咖啡的味道通常比較重，如果一次加太多就救不回來了。雖然每一種量匙的容量都不一樣，不過基本上一杯130ml的咖啡會用到2g（2茶匙）的即溶咖啡粉。

**4 少量溶解**

先加入少許熱水或冷水溶解咖啡粉至濃稠狀。

**5 完全溶解**

再加一點熱水，將咖啡粉完全溶解，製作香醇的咖啡濃縮液。

**6 水溫要高**

即溶咖啡要用滾燙的熱水沖泡。事先確實溶解咖啡粉，才能激發隱藏的風味。

**7 完成**

印象中總是混濁的即溶咖啡，也能像這樣乾淨通透。前面調製的即溶咖啡濃縮液也能用來製作冰咖啡和咖啡牛奶。

Part.3

# 器材選擇

學會沖煮手法之後，也會想要使用更好的器材將咖啡泡得更好喝。器具的差異會影響咖啡的風味，而蒐集自己喜歡的器具也能增添更多咖啡人生的趣味。器材的選擇很重要，好的器材可以大幅拓展你進步時的樂趣。買個品質稍微好一點的器材，讓你的居家咖啡時光更加特別吧。

# 手沖壺

**挑選重心穩定、 容易調整給水量的類型**

### 煮水壺和手沖壺建議分開

沖煮咖啡時絕對少不了水壺，但使用一般煮水用的茶壺來沖煮只會打亂濾杯中的咖啡粉，毀了好端端的一杯手沖咖啡。所以最好準備一個專門用來煮水的煮水壺，和一個專門用來沖煮的手沖壺。

而且壺嘴細長、出水口高的

## 手沖壺怎麼選

**壺嘴**
進水口位於壺身底部、出水口位於高處的設計比較好操作，容易讓熱水落在出水口對準的位置。

**把手**
選擇自己能抓得穩、拿起來的時候也不會左搖右晃的類型。帶點角度的把手可以幫助我們傾斜壺身時更省力，手沖過程更輕鬆。

**材質**
有琺瑯、銅、不鏽鋼等各式各樣的材質，其中不鏽鋼材質因為不容易生鏽、好保養，特別適合新手使用。

**Melita
Aroma Kettle**

**引導你學習泡咖啡的手沖壺**
壺身上標示著1st、2nd的兩條引導線稱作「Aroma Line」，可以提醒使用者注水的速度與水量。

世上充滿千奇百怪的咖啡器具，例如照片上的古董品和民族工藝品。

專用手沖壺可以確保熱水垂直落在目標注水位置，我們操作上也會比較方便。

手沖壺也分成很多種材質，諸如琺瑯、銅、不鏽鋼，其中我建議新手選擇耐用又好保養的不鏽鋼材質。容量方面也是大一點比較好，因為保溫效果更好，水流也更穩定。至於煮水壺的部分，一般那種直火加熱的也不是問題，不過電熱壺比較方便調整溫度。

**株式會社宮崎製作所**
**一人手沖壺 桃花心木把手**

**沖1杯剛剛好的**
**小巧手沖壺**

這款手沖壺的容量剛好適合沖煮單人分的咖啡，材質為不鏽鋼，優點在於不易生鏽、乾淨衛生且保溫性佳。

**Kalita**
**Kalita 大嘴鳥 鶴嘴琺瑯瓷手沖壺**

**保溫效果與耐熱性優異的**
**日本製琺瑯壺**

特殊的壺嘴造型令人聯想到鵜鶘大大的喙部。這種設計便於調節水柱粗細和水量，比較適合進階玩家使用。

**Kalita**
**銅製細口手沖壺**

**增添風味深度的**
**銅製手沖壺**

銅容易導熱，降溫速度較快，適合需要分次注水的手沖咖啡。這款手沖壺拿起來輕得很，任何人都能輕易上手。

**YAMAZEN**
**溫控電熱壺 EGL-C1280**

**加熱、沖煮**
**一壺搞定**

這款物美價廉的電熱壺能夠以整數為單位自由調節溫度，把手設計也相當好握，有助於使用者精準注水於目標位置。

**HARIO**
**雲朵不鏽鋼控溫細口壺**

**專為泡咖啡設計的**
**溫控手沖壺**

螢幕上會顯示不同顏色，明確區分加熱、保溫狀態。加熱完成後也能保溫一段時間，並具備防空燒機制、自動斷電功能。

**Melitta**
**快煮壺 Prime Aqua Mini**

**造型時尚的**
**瞬熱型電熱水壺**

德國設計、造型簡練的不鏽鋼電熱壺。壺蓋與把手一體成型，可以單手操作，一指開闔壺蓋。

# 磨豆機

**依照使用頻率、 沖煮杯數**
**選擇合適的類型**

## 讓家裡像咖啡館一樣充滿現磨咖啡香

想要喝上一杯美味的咖啡，豆子的新鮮度和熟成狀況至關重要。咖啡豆磨成粉後，香氣和風味便會不斷流失，味道也會產生變化。你是否也曾鼓起滿滿幹勁，卻沖出一杯差強人意的咖啡？記得以後要喝之前再研磨咖啡豆。

## 磨豆機怎麼選 （手動式）

**Comandante**

**德國頂級手搖磨豆機**
擁有專利認證、結合特殊機械與精湛工藝的錐形高氮不鏽鋼刀盤，可以將細粉率降到最低。

**好握**
大小符合自己的手掌，可以握實的類型為佳。不要太大，也不要太小。

**好轉**
轉動把手時會驅動刀盤磨碎咖啡，但必須維持一定轉速才能確保咖啡粉粗細平均，所以盡量選擇轉起來順暢一點的款式。

**好保養**
想要延長磨豆機的壽命，一定要定期保養，所以最好選擇容易拆解、方便清理的款式。

**HARIO**
**輕巧手搖磨豆機**

**纖細造型討人喜愛**
握感舒適、輕巧便攜的磨豆機，刀盤為不易產生摩擦熱的陶瓷材質，風味減損狀況較不明顯。另一個好處是可以直接看到磨好的咖啡粉。

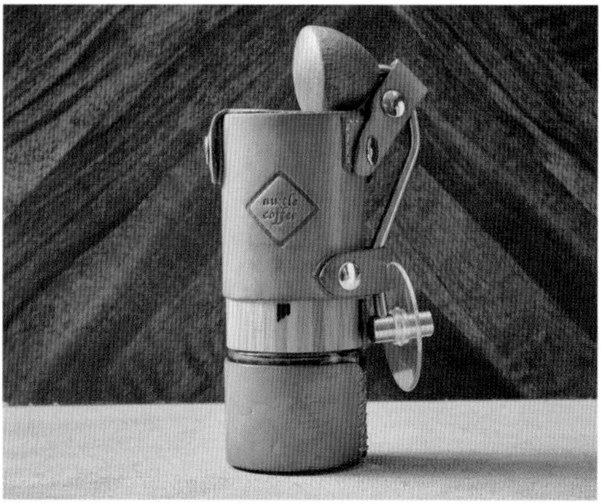

**咖啡迷為之瘋狂**
**「為Comandante痴狂的男人」**
**客製化專用皮革套**
替頂級手搖磨豆機「Comandante」量身打造的皮套。不只方便攜帶，當作擺飾也很吸引人。

咖啡磨豆機的價位落差大，而且還分成電動式與手動式。電動磨豆機的特色是只要按下開關，就能迅速磨出粗細度均勻的咖啡粉。至於手動磨豆機雖然必須維持定速才能磨出均勻的咖啡粉，但轉動把手的過程中就能享受到陣陣飄香。雖然說手動或電動關乎個人喜好，不過我還是建議依照自己平常泡咖啡的次數與分量，選擇合適的類型。此外，刀盤的部分也分成錐刀、平刀、刀片式等不同形式，各有優劣。或許在我們東挑西選時，就已經開始享受咖啡的美味了。

**Kalita**
**專業級 Nice Cut G 磨豆機**

**營業用電磨機的縮小版**

可以將咖啡豆磨得相當均勻，細粉率低，避免咖啡出現雜味。研磨度從粗到極細共分成8個階段，可依個人喜好調節。

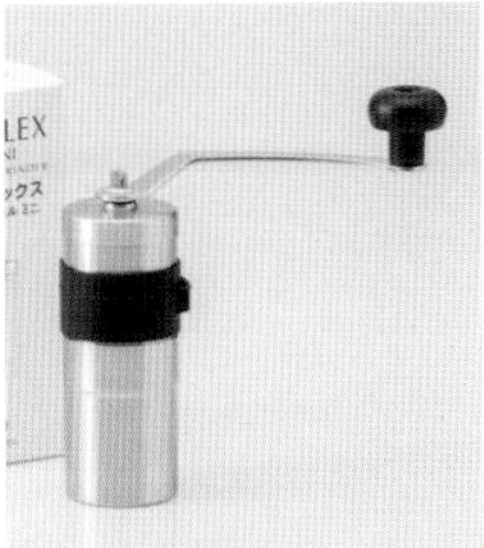

**Porlex**
**手搖咖啡磨豆機 II MiNi**

**陶瓷刀刃帶來順暢手磨感**

轉動手感相當順暢，能輕鬆維持一定磨速。粗細調節精準，1刻度平均粒徑差異僅有37微米。

**Zassenhaus**
**La Paz**

**歷史老牌工藝盡現的手搖磨豆機**

1867年創業之德國品牌Zassenhaus秉著傳統工藝打造的手搖磨豆機，用久了也會漸漸染上古董氛圍。

**FUJI ROYAL**
**小富士磨豆機 R-220**

**濃縮了商用機型的精細度與馬力**

小富士不僅磨速快、粗細度漂亮，運轉聲也很安靜。而且機器構造簡單、紮實耐操，安定感十足，在家也能享受專業水準的咖啡。

**Melitta**
**電動磨豆機 ECG64-1L**

**一鍵啟動的簡易操作**

獨家強力馬達與不鏽鋼刀刃，確保磨豆過程更加順暢。而且只要一隻手指就能輕鬆調整粗細狀況。

**Zassenhaus**
**SANTIAGO**

**手感安穩的高品質磨豆機**

Zassenhaus的獨家設計讓我們可以將磨豆機夾在雙腿之間輕鬆磨豆。刀刃材質為德國高硬度特殊鋼材。

# 濾杯

**根據沖煮咖啡的風格選擇**

**濾杯造型、材質多樣又有趣**
**玩家總會蒐集各種濾杯**

濾杯是手沖咖啡的必備器材。市面上充斥著各種濾杯，而蒐集不同的濾杯回來玩玩也是一項樂趣。同樣的咖啡豆，也會因為濾杯的材質、造型、肋骨長短與濾孔形式而表現出不一樣的風味。如果能配合豆子的類型和沖煮風格選擇不同的濾杯，咖啡人生也會更加豐富。知名的

## 濾杯怎麼選

**Kalita**
**波佐見燒 HA 102**

**聯手知名瓷器品牌**
肋骨表面更加銳利，創造杯壁與濾紙之間充足的空隙，避免兩者密合。陶瓷的材質也擁有優異的保溫性。

**Kalita 102-D**
**傳統樹脂三孔濾杯**

**可以沖出輕柔滋味**
Kalita獨家的三孔構造，使得咖啡萃取速度比單孔濾杯更快，沖出來的口感既乾淨又帶點紮實感。

**Melitta**
**1×2 梯形濾杯**

**帶出香醇好滋味**
濾孔位置比較高，有助於我們沖出更加醇厚的香氣。Melitta為濾紙式濾杯的始祖，底部只有1個濾孔。

**肋骨**
濾杯內的肋骨（溝槽）功用在於幫助粉水接觸時釋放的氣體適度散出，確保萃取順暢。

**濾孔**
每一款濾杯的濾孔數量和大小都不一樣，而濾孔的造型、位置也會影響萃取速度。

**材質**
除了輕巧的塑膠、保溫性良好的陶瓷和金屬，還有玻璃材質。依照個人喜好選擇即可。

濾杯廠牌包含Melitta、Kalita、HARIO、KONO。Kalita濾杯的特色是底部有3個濾孔；Melitta濾杯雖然只有單孔，但位置有稍微墊高。至於HARIO和KONO都是圓錐形的濾杯，底部有1個大大的濾孔。除了上述幾款，近年來也冒出許多像是聰明濾杯、蛋糕型濾杯等新造型，每一種都有自己的特色，設計上也容易沖煮出每家廠牌心目中好喝的咖啡。雖然只挑符合自己喜好的濾杯也沒問題，不過蒐集多種濾杯更能大大擴增沖煮樂趣。

**Century Friend Co.,Ltd**
**聰明濾杯**

**先浸泡後濾出的浸泡法器材**

無須手沖技巧的新形態濾杯，沖煮時僅需要倒入粉水靜待4分鐘，再一口氣過濾出來即可。聰明濾杯讓我們在家也能享用精品咖啡的杯測樂趣。

**三洋產業 （CAFEC）**
**花瓣濾杯 （透明樹脂）**

**如花瓣一般的超長肋骨**

輕巧好用的樹脂錐形濾杯，有助於粉層充分膨脹並形成較深的過濾層，帶出更多美味的成分。

**ORIGAMI**
**摺紙濾杯 S**

**摺紙藝術般的優美造型**

濾杯內多達20根肋骨，撐出濾紙與濾杯之間的充足空間，排水更加順暢，也能應付各式各樣的沖煮手法。

**HARIO**
**V60 透明 01 樹脂濾杯**

**全球公認的高速濾杯**

水粉可以充分結合，熱水也能順暢流出，只要調整沖煮速度就能沖煮出不同的風味。

**三洋產業 （CAFEC）**
**花瓣濾杯 （有田燒）**

**重現濾布的膨脹感**

熱水中心與外圍可以充分對流，維持較深長的粉層結構。「花瓣肋骨」給予粉層充足的膨脹空間，可以萃取出更多的美味成分。

**KONO**

**錐形濾杯的始祖**
**KONO濾杯**

特色在於內側肋骨較短，上半部呈現平坦狀，容易萃取出較濃郁的成分，新手老手都能從中找到樂趣。

**KEY COFFEE**
**鑽石濾杯**

**貴氣十足的鑽石切割造型**

萃取液會從每一顆鑽石的頂點流出，並沿著鑽石切割紋路緩慢流下，維持最適宜的流速。

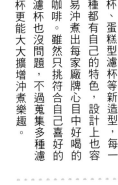

# 濾紙

**選擇與濾杯同牌的原廠濾紙**

## 濾紙怎麼選

**形狀**

大致上可分成梯形和錐形，兩者各有適合搭配的專用濾杯。

**大小**

雖然大張濾紙可以代替小張的使用，但也會增加粉面與手沖壺出水口的距離，所以最好還是選擇符合濾杯尺寸的濾紙。

**材質**

分成無漂白（棕色）和漂白（白色），紙張本身的纖維材質也有很多種。

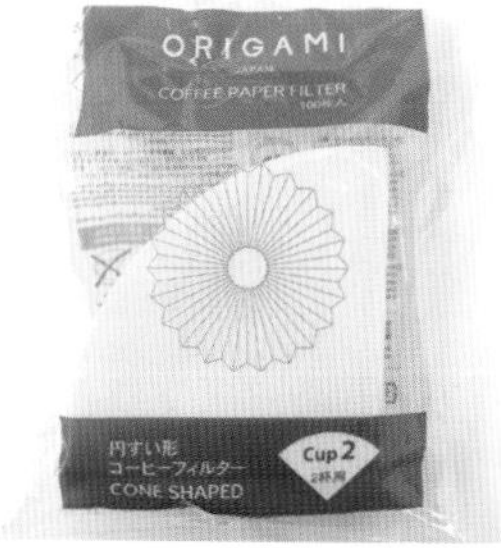


**ORIGAMI**
**咖啡濾杯原廠濾紙**

**完全符合肋骨結構的專用設計**

摺紙濾杯專用的濾紙加入了麻纖維，因此整體纖維較粗、也比較厚。

**KEY COFFEE**
**錐形濾紙**

**100%天然紙漿無漂白**

搭配鑽石濾杯使用可以維持最佳流速，均勻萃取咖啡風味。

**Melitta Aromagic**
**Natural 原木濾紙**

**特殊的細緻透香孔設計**

獨家透香孔設計讓沖煮初期萃出的美味成分能夠順暢流出，表現咖啡的原汁原味。

**Melitta**
**GOURMET 濾紙**

**獨一無二的過濾機制**

S型的特殊過濾結構，可以保留一般濾紙2倍的咖啡油脂，造就口感醇厚的咖啡。

### 根據喜好和濾杯造型選擇合適的濾紙

各個廠牌不只推出各式各樣的濾杯，生產的濾紙款式也很豐富。濾紙造型分成梯形和錐形，請根據濾杯造型選擇合宜的濾紙。擁有細緻纖維的濾紙可以確實阻隔咖啡粉的雜味和苦澀成分，也能吸附較多油脂，泡出來乾淨爽口的味道。

常見的濾紙分成無漂白處理的棕色與經過漂白處理過的白色。以前的濾紙有一股臭味，所以我們沖煮前習慣先用熱水淋過去除味道，不過最近的濾紙已經沒有這種味道了，所以也不必刻意事先淋濕。

# 電子秤、溫度計

**咖啡專用磅秤兼具秤重與計時功能**

## 電子秤怎麼選

**數位顯示**
以最小單位0.1g、置物狀態下可歸零的機型為佳。

**計時**
選擇同時擁有秤重與計時功能的機型比較方便。

**HARIO**
**SmartQ JIMMY 分離式智能秤**

**連接手機好監控、螢幕機身可分開**
可利用藍芽連結手機或Apple Watch即時監控重量與時間，相當便於控管沖煮。

**HARIO**
**V60 手沖咖啡精準電子秤**

**同時測量萃取量與時間**
不只能利用計時功能掌控萃取時間，還能同時監測萃取量，輔助我們維持穩定的沖煮品質。

## 溫度計怎麼選

為了精準測量水溫，應選擇探針有一半可以沒入水中的樣式。

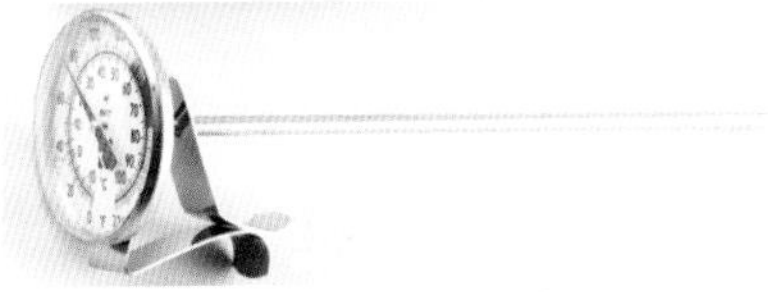

**FBC International Inc**
**原廠溫度計 附夾 約 13cm 長**

**適合直接放入熱水壺**
這款溫度計還附一個夾子，可以輕鬆夾在手沖壺或拉花壺上，錶面標示也很清晰，容易辨識。

**刻度**
選擇刻度顯眼、輔以顏色標示的類型比較容易辨識。我推薦傳統指針式，較便於透過肉眼觀察水溫的變化狀況。

### 準備電子秤與溫度計 朝向更好的品質邁進

電子秤和溫度計是幫助我們更加享受咖啡人生的選配器材，因為只要掌控分量、溫度、時間，就能一滴不剩萃出咖啡的美味成分。當你沖煮咖啡有了一段時間，自然而然會懂得控制（重現）咖啡的風味，也會找到自己喜歡的沖煮手法。咖啡專用的電子秤很好用，能夠「測量」的東西包含豆子的重量、悶蒸與萃取時間以及萃取量，準備一台機器就能同時滿足秤重與計時的需求。不過一開始也可以用一般廚房用的電子秤搭配計時器和溫度計練習（詳見P80～83）。

### 為了重現自己喜歡的風味

# 使用電子秤、計時器、溫度計練習沖煮

雖然我主張泡咖啡以享受為主，不必過度拘泥技法，不過我們總會希望每次都能泡出好喝的味道。只要用數字記錄的沖煮配方，我們隨時都能參照紀錄泡出一樣的味道。而這一節我會介紹如何借助工具練習沖煮。

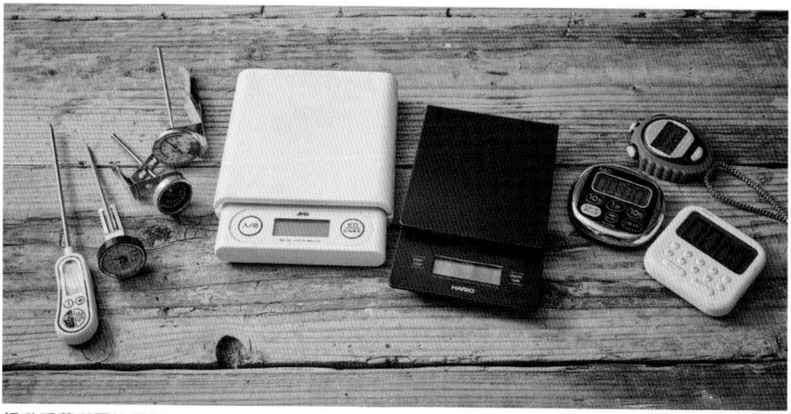

**提升手藝所需的器材**
溫度計：沖煮水溫對咖啡風味影響很大，所以需要用溫度計確認溫度。
電子秤：測量咖啡豆的分量和沖煮水量。
計時器：測量悶蒸與萃取時間。

**附溫度計的手沖壺**
有些手沖壺本身就附有溫度計，可以直接觀測壺內水溫，相當方便。

此次練習參數如下：咖啡粉20g、90℃的熱水300ml（g）、3分鐘內完成沖煮，總萃取量約260ml。

**1 電子秤歸零**

將下壺、濾杯、濾紙放上電子秤，按下歸零。

**2 將熱水倒入細口壺**

將煮開的熱水倒入夾著溫度計的細口壺。

**廚房用的也OK**
即使沒有咖啡專用的電子秤，也可以用一般家庭廚房用的電子秤搭配計時器來代替。

## 熟悉手沖的技巧 控制咖啡的風味

沖煮咖啡時盡可能精準計算分量與溫度，會更容易沖出和之前同樣好的味道，如果不好喝也有改善的根據。我們需要用到的器材有電子秤、計時器、溫度計。這些都有咖啡專用的款式，不過一般家裡的機型也可以代替。

有一件事希望大家能確實遵守，就是事先擬定沖煮計畫並如實執行。你一開始決定熱水和咖啡豆的分量是多少、沖煮時間要多長，實際沖煮時就不要任意更動。按照計畫沖煮完畢後你可以嚐嚐看味道，檢討並找出適合自己的沖煮方式。將目標風格轉化成數字，也可以培養我們隨意掌控咖啡風味的應變能力，隨時沖煮出自己喜歡的味道。

**3 測量水溫**

煮沸的水倒入細口壺後大約會降溫至95℃。

**4 測量豆子的重量**

測量2杯分20g的豆子。中～深焙的豆子膨脹狀況明顯，比較適合用來練習。

**5 研磨、倒入濾杯**

調整水溫的同時將咖啡豆磨成粉，倒入濾杯。

**6 歸零**

咖啡粉倒入濾杯後將電子秤再次歸零。

**7 第 1 次注水**

將熱水慢慢滴落粉面中央，同時按下計時器。

**8 點滴注水**

慢慢滴落熱水，讓膨脹的部分逐漸往外圍擴張。

### 9 膨脹

繼續滴水，從中心慢慢浸潤整體咖啡粉。

### 10 確認數字

時時確認給水速度和水量。

### 11 悶蒸

水量達30ml（g）左右後暫停給水，靜待30秒悶蒸，同時觀察咖啡粉的狀態。

### 12 確認

開始沖煮後過了約莫 1 分鐘，目前已經給水 30ml（g）。

### 13 第 2 次注水

粉層膨脹且停止排氣後即可往中央注水。

### 14 熱水達100 ml（g）

慢慢注水，不時觀察螢幕數字達到100ml（g）後暫停注水。

## 15 第 3 次注水

繼續注水，撐起粉層的立體結構。

## 16 經過 1 分 30 秒左右

1分30秒後熱水量來到130 ml（g）。接下來要開始加速了。

## 17 注水

當粉面趨於平坦時再繼續注水。請注意給水速度，分次注水直到目標分量為止。

## 18 停止

總注水量達300 ml（g）後停止給水。停止時，時間落在3分鐘左右即可。

## 19 流乾前移開濾杯

趁濾杯中的咖啡萃取液完全流乾前移開。

## 20 完成

沖煮時搭配秤重、計時多練習幾次，並且每次確認味道、調整沖煮計畫，自然就會找到更好的方案。

探尋美好的咖啡

# 逐獵咖啡世界之旅

Vol.1

在森林深處悠閒茁壯的咖啡。

生豆在傳統的非洲棚架上享受充足的日光浴。

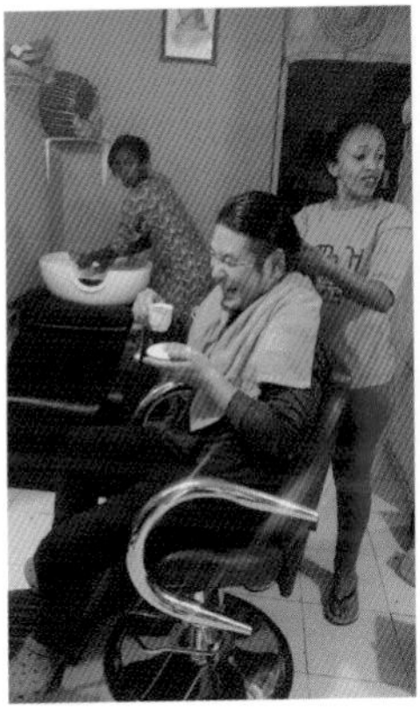

我循著乳香焚燒的一縷輕煙來到村裡的美容院，在這裡也能看到咖啡儀式。

工人仔細挑豆，讓咖啡的味道更加乾淨。

非洲， 咖啡的故鄉

# 衣索比亞

## 探訪承載壯闊歷史的咖啡文化原點

我懷著自己17歲時在吉祥寺「Mocha」*的薰陶，踩穩每一個腳步，慢慢走下衣索比亞航空班機的階梯。進入首都阿迪斯阿貝巴，我最驚訝的是街上隨處可見人們舉辦輕鬆的咖啡儀式（coffee ceremony），可見滿載壯闊歷史的咖啡文化已經完全融入在地人的日常生活。我為了追溯咖啡歷史的源頭往深山前進，最後抵達南部民族多元的卡法州，據說咖啡一詞就是從卡法（KAFA）演變過來的。卡法充沛的陽光擁抱山林間的野生咖啡樹。看著大地充沛的能量與嚴格把關的現代製程，那樣強力與纖細兼有的情景，令我不禁獨自陷入沉思。

＊自家烘焙的先驅。已故老闆標交紀先生是人稱「咖啡之鬼」的傳奇人物。

高海拔山區竟有6000公頃的寬闊平地，實在壯觀。

這裡主要栽種名為卡第摩的混種豆，另有鐵比卡與藝妓種。

蘊藏無窮潛力的咖啡秘境

# 寮國

## 充滿人情味、勾動懷舊感的風景

從泰國烏汶機場出發，跨越國境轉行陸路五小時便會來到古老法式建築林立的巴色城，而周邊即是寮國南部的咖啡產地。寮國不只深深吸引著全球的背包客，近年來咖啡產業的發展也相當迅速。寮國為內陸國家，因此一直以來都屈居越南身後，不過這片土地的潛力可不容小覷。這幾年波羅芬高原也開闢了大面積的農地，可以期待未來寮國跳脫傳統小農的原始生產方式，產出令人刮目相看的高品質咖啡。

引進現代處理設備，生產更高品質的咖啡。

在當地蔬果市場吃到特產「奎東茄」，第一次嘗到這樣的酸味。

## 了解當地飲食文化與歷史 遇見至高無上的一杯咖啡

哥倫比亞是現代咖啡圈絕對不容忽視的產地。其國土廣袤，除了翡翠山咖啡所代表的中南部溫和氛圍，近年來各地也紛紛開始展現獨特丰采，其中中北部地區更是盛產風味細膩又鮮美的精品咖啡。當地依傍陡峻的安地斯山脈，許多農家都採取重視自然生態系的有機農法，不時還能看見令人大為驚嘆的美景。

對我這個為咖啡痴狂的男人來說，能夠深入了解在地飲食文化與繁複歷史背景，再喝上一杯絕妙的咖啡，宛如置身天堂。

在麵包店排隊時問問在地人推薦什麼口味。

管理嚴謹的風乾場造就纖細風味。

安地斯山脈的靜謐晨光，腳下雲海連片。

開闢精品咖啡新世界的杯測桌。

午餐時間拿起吉他和民族樂器Cuatro，
來場愉快的即興演奏。

我住的湖畔小屋可以聽見許多不同的鳥鳴。

世界最頂尖的藝妓產地

# 巴拿馬

## 置身豐沛自然 問鼎極品風味

夾在海洋之間的巴拿馬是世界頂尖的精品咖啡產地。古老咖啡品種「藝妓」從非洲飄洋過海，來到此地安居樂業。我在首都舊城區的第一晚興奮得睡不著覺，天一亮便出發向著巴魯火山下的大衛區。我望著高聳的火山，駛過冷冽的高原景色，準備前往名聞遐邇的藝妓產地，也就是與邦奎地區相隔一座火山的瓦肯山谷。這片廣闊的農園是由瑞典裔移民的農場主人一家經營，園區涵蓋許多山丘與湖泊，他們也相當積極推行環保行動與生態旅遊。我在這裡看見了原住民摘採咖啡果實的笑容，和業者挑戰製作頂尖咖啡的熱情，度過了充實的一段時光。

從山頂大樹往下一看，山坡上種滿了藝妓與各式各樣的品種。

Part.4

# 如何挑選咖啡豆

咖啡豆是咖啡樹的種子。從果實取出來的種子經過初步處理後稱作「生豆」，經過加熱變成黑褐色的狀態則稱作「熟豆」。想要喝上一杯合自己胃口的咖啡，得先了解每種豆子的香氣與風味，以及產地與品種等基礎知識。

# 咖啡的生涯與基礎知識

靜下心來品嘗一杯咖啡的時光不是其他事物可以取代的。了解咖啡的「美味」從何而來並掌握基礎知識，是充實咖啡時光、邁向咖啡老饕的第一步。

## 品種

大致上可分成阿拉比卡、羅布斯塔（卡尼弗拉種）、賴比瑞亞等3種。其中最常見的阿拉比卡底下還分成上百種變種，每個子品種都具有獨特的外觀與風味。

## 產地

咖啡產地遍布全球，主要生長於中美、南美、東西非、亞洲、大洋洲等咖啡帶之內的地區。各處的土地、氣候條件也造就不同的風土特色。

## 咖啡豆不屬於「豆科」而是「茜草科」

咖啡樹為茜草科常綠灌木，栽培與收穫範圍落在俗稱咖啡帶的熱帶地區。我們用來泡咖啡的咖啡豆（生、熟豆）其實是咖啡樹果實的種子，而不是一種豆科的豆子。成熟的咖啡樹果實通常會呈現紅色，有些品種則是黃色或橘色。咖啡最大宗的品種為阿拉比卡種，占了總收成量的七成。雖然其他品種如羅布斯塔種、賴比瑞亞種也各有特色，不過阿拉比卡種衍生出來的諸多品種更是遍布世界各地。了解每種咖啡豆在甜味、酸味、香味上的細微差異，也能深刻感受到咖啡有多麼深奧。

## 烘焙

咖啡的味道大部分是由烘焙決定。烘焙即「加熱烘烤生豆」，過程中會產生複雜的化學變化，型塑出各種香氣與味道。烘焙程度可分為8個階段，無論生豆本身多高級，烘焙才是決定成品印象的關鍵環節。

**咖啡是生鮮食品嗎？**
**從水果的觀點看待咖啡**

咖啡櫻桃成熟後的糖度超過20，甜味濃厚又帶點酸，味道不錯。雖然咖啡櫻桃表皮薄、水分少，但也會拿來做成果醬、糖漿或曬乾後泡成茶。

# 咖啡帶

咖啡主要產地散佈於南北回歸線之間，我們稱這個區間為咖啡帶。由於產區範圍廣大，所以每個地方的收穫時間也不一樣。咖啡生產國大多屬於開發中國家，因此當地政府通常都視咖啡為重要產業，獎勵民眾投入生產。

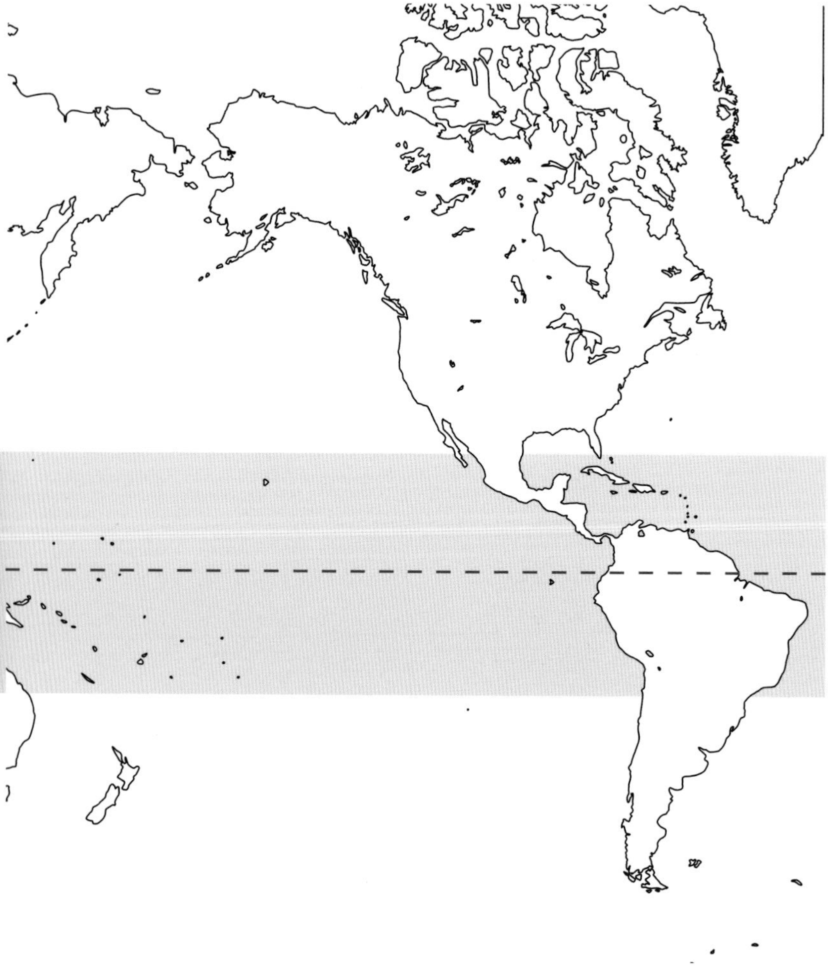

## 咖啡主要生長於咖啡帶中的高海拔地區

咖啡原產於衣索比亞高地，現在的生產範圍則如下圖所示，涵蓋熱帶、亞熱帶地區約莫六十多國。咖啡帶是指北緯二十五度與南緯二十五度之間的咖啡生產地帶，其中優質咖啡豆往往產自海拔七〇〇～二〇〇〇公尺的高地或山地，並且符合年均溫攝氏十八～二十五度、年降雨量一五〇〇～二五〇〇毫米等氣候條件。由於咖啡產區橫跨範圍廣，因此全年都有咖啡樹在結果。比方說六月開始巴西等地將開始進入採收期，十月則輪到蘇門答臘、哥倫比亞，再來是肯亞。赤道上的某些高地一年甚至可以採收兩次。

# 咖啡的產地條件

咖啡樹的生長條件包含排水良好的土壤與適宜的氣溫、海拔、日照時間。咖啡樹雖然是熱帶植物，卻會因為太強的日照而導致葉片燙傷，所以原本就生長在森林樹蔭下，而咖啡田裡通常也會種植喬木遮陽。

## 年均溫二十度的環境最適合栽種咖啡

原則上，晝夜溫差大的熱帶高地較能種出質地堅硬、成分豐富的咖啡豆。尤其年均溫在攝氏二十度上下的地方最適合栽種咖啡。除此之外，海拔高度、降雨量、日照時間，再加上起風、起霧的時段等細微氣候條件，造就了咖啡繁複的風味。這種小區域的氣候因素又稱作微氣候（Microclimate），是咖啡風土特色的根源。當然除了氣候之外，「土壤」也大有關係。咖啡適合種植在排水良好的火山灰質、富含有機物的酸性土壤。近年來由於氣候變遷，知名咖啡產地圖也逐漸產生了變化。

# 咖啡樹的生長條件

## 1 土壤

排水良好的火山灰質土壤最為理想。富含有機物的酸性土壤，可以種出風味與酸度豐富的咖啡。

## 2 海拔

晝夜溫差大的環境能培養出質地堅硬的咖啡豆，創造更豐富的香氣成分，所以咖啡樹產地海拔愈高愈好。不過咖啡樹長時間處於5度以下的低溫環境反而會枯死，因此最高也不超過2000m。

## 3 雨量

咖啡帶內多為乾濕季分明的地區，很多地方都會碰上突發性的劇烈對流與降雨。咖啡適合生長在年降雨量1500～2500mm的地區，也就是比日本年降雨量稍多的地方。

## 4 日照

日照不能太強，也不能太弱。咖啡樹雖然是熱帶植物，但其實很怕烈日，因此周圍經常還會種植減緩日照用的遮蔭樹。

# 激發咖啡豐富特色的各種處理法

「處理」是將咖啡櫻桃加工成「生豆」的過程。處理法可粗分為兩種：整顆果實乾燥後再去殼的「日曬法」、先泡在水裡將果種分離後再乾燥的「水洗法」。不過此外還有許多介於兩者之間的處理方法。

## 因應環境條件而生的各種處理法

怎麼做才能表現出咖啡豆在果實成長過程中孕育的美味成分？雖然身在消費國的我們比較沒機會看到，但其實每個產地在處理咖啡豆的過程中都投注了生產者的心血，也富含因應在地環境的智慧。咖啡果肉糖度高，採收之後不用多久就會開始發酵，因此必須盡快處理。

傳統處理法包含「日曬法（自然處理法）」、「水洗法」，這些方法都是配合產地氣候與地形條件而生。

除此之外還有「半日曬處理法」、「半水洗處理法」、「濕剝法」，以及近年流行起來的各種發酵處理法。

## 咖啡櫻桃的構造

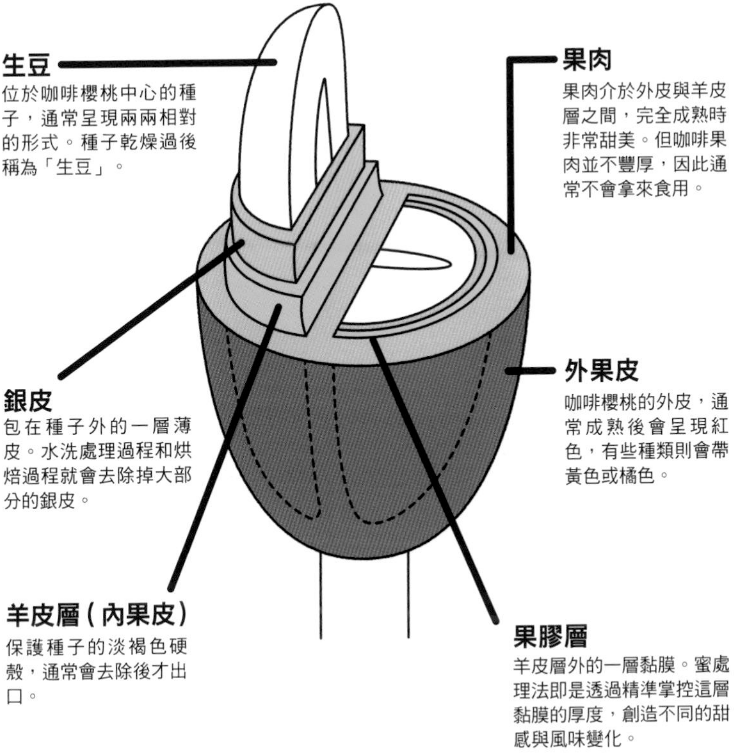
生豆
位於咖啡櫻桃中心的種子，通常呈現兩兩相對的形式。種子乾燥過後稱為「生豆」。
果肉
果肉介於外皮與羊皮層之間，完全成熟時非常甜美。但咖啡果肉並不豐厚，因此通常不會拿來食用。
銀皮
包在種子外的一層薄皮。水洗處理過程和烘焙過程就會去除掉大部分的銀皮。
外果皮
咖啡櫻桃的外皮，通常成熟後會呈現紅色，有些種類則會帶黃色或橘色。
羊皮層（內果皮）
保護種子的淡褐色硬殼，通常會去除後才出口。
果膠層
羊皮層外的一層黏膜。蜜處理法即是透過精準掌控這層黏膜的厚度，創造不同的甜感與風味變化。

## 潛藏著無限可能的甜蜜咖啡櫻桃果肉

芬芳的小白花綻放後，緊接著小小的咖啡果實便會逐漸成長，顏色變得愈來愈紅潤，完全成熟時更呈現紫中帶紅的「紅紫色」。這時的咖啡果肉糖度高達二〇～二十四，因此敗壞速度非常快，從採收到處理必須分秒必爭。以前我們說摩卡的好年份「十年才碰得上一次」，這也說明了處理生豆有多不容易。

不過現代處理的概念已經相當進步，甚至發展出保留羊皮層、利用果肉成分控制發酵狀況的精湛技術。而果皮果肉乾燥後製成的「咖啡果乾」品質也愈來愈好，今後想必大有可為。

## 日曬法

Natural

# 創造果香四溢與熟成滋味的傳統處理法

日曬法相當單純，咖啡櫻桃採收後經過初步篩選，接著直接連皮帶肉一起曝曬，曬乾後再進行脫殼取出生豆。但乾燥後先不急著脫殼的作法也很常見，這樣可以帶給咖啡更獨特的熟成風味，不過一個不好也可能導致腐敗。日曬法源自於古代衣索比亞等水源取得不易的廣闊土地，是一種因應環境自然誕生的處理方法。

### 1 篩選

採收下來的果實會先浸泡在水槽中，去除漂浮在水面上的未熟果實與雜質，沉在水底的咖啡櫻桃也會再透過人工篩選。確實區別生熟果可以提高成品的品質。

### 2 乾燥

乾燥方式很多，但通常都是曝曬在陽光下。很多地方會直接將咖啡果實平攤在水泥地上或底下再墊個塑膠墊，而非洲傳統上會使用一種高架網床，這種網床稱作「非洲棚架」，棚架底下充足的通風空間有助於達到更充分的乾燥效果。有些地方因為氣候或空間限制，還會使用乾燥機輔助。經驗老到的生產者甚至可以透過手感、香氣判斷果實的乾燥程度（含水量）。

### 3 脫殼

為了控制咖啡豆的含水量維持在一定程度，乾燥後的咖啡果實會先移至陰涼處靜置數週再剝除果皮、果肉、羊皮層，取出生豆。中～大規模的農園會使用機器脫殼，不過有些小規模農家也會使用杵臼手工脫殼。

### 4 生豆

最後再經過三番兩次的機器和手工篩選，挑除缺陷豆後才會出貨。我們從外觀就可以輕易判斷豆子是不是日曬處理，因為日曬豆表面往往留有較多銀皮，顏色也是偏向金色的青綠色。

## 水洗法

Fully Washed

# 運用大量清水洗選咖啡果實造就乾淨風味

水洗法從篩選、清洗到浸泡發酵都需要用上大量清水，好處是可以穩定產出風味乾淨的咖啡豆。這種處理法主要發展於中美洲，因為山岳地帶擁有較充沛的水資源，加上斜坡多、平地少，起霧和降雨也較為頻繁。雖然水洗法的咖啡豆品質優良，但廢水也會造成環境的負擔，因此現代發展出許多因應該問題的技術。為與其他方式區別，傳統水洗法又稱作完全水洗法，其中也包含經過多重浸泡步驟（二次浸潤）的雙重水洗法。

### 1 篩選

將咖啡櫻桃泡入水槽，挑除漂浮在水面上的未熟果和枝葉、垃圾等異物。

### 2 去除果皮

放入去皮機（Pulper）剝去果皮果肉，只留下羊皮層與種子。

### 3 發酵槽

將表面黏稠的帶殼豆放入發酵槽浸泡，利用微生物的作用自然分解殘餘果肉（果膠層）。作用時間視水溫而定，通常是 24 小時到 3 天不等。

### 4 水道

從發酵槽出來的帶殼豆沿著水道流往乾燥區，過程中會進一步洗淨與篩選。

### 5 乾燥

曝曬陽光或利用大型乾燥機迅速減少水分。通常會放在庭院（Patio）地上或非洲棚架上攤開，並不時翻攪避免乾燥狀況不均勻。

### 6 脫殼

為確保咖啡豆含水量低於 12%，乾燥後的帶殼豆會丟入脫殼機取出生豆。

### 7 生豆

最後便會得到沒有銀皮、表面光滑的青綠色生豆。生豆顏色從黃綠到深綠都有，主要是依含水量、發酵程度、乾燥狀況不同造成的差異。

## 半日曬法、半水洗法

**Pulped Natural/ Semi Washed**

# 中庸的個性與柔和的口感

半日曬法是先將咖啡櫻桃放入去皮機去除果皮，在保留羊皮層與果膠層（參照P97圖）的狀態下進入乾燥程序的處理法。無論是較難取得處理設備的東南亞小農還是巴西的大規模農場都可以看到這種作法。半水洗法則是使用果膠刮除機，藉由摩擦或離心力強行去除果膠層，減少用水量的作法。半水洗法也稱作機械式水洗法，只不過這些名稱的定義並不明確，每個產地的稱呼方式也不盡相同，但共通點都在於能夠縮短乾燥時間、穩定品質，形成口感溫和且甘甜的咖啡豆。

＊去除果肉用的農具

## 蜜處理法

Honey

### 帶來細膩香氣與甜蜜滋味

蜜處理法是較現代的處理法，藉由精準控制咖啡果實去皮後殘留的果膠量，表現出細膩的香氣與甜美風味。100%保留高糖度果膠層的處理類型稱作「黑蜜」，以下隨果膠層保留程度遞減又分成「紅蜜」、「黃蜜」、「白蜜」。果膠層保留得愈少，乾燥時顏色愈淡，味道也更清爽。順帶一提，白蜜處理法乾燥前的狀態和前述半水洗法乾燥前幾乎一模一樣，不過既然帶有一個蜜字，可以感受到這種處理法在發酵、乾燥時對於果膠的作用具有更加明確的意識與堅持。

## 濕剝法（濕刨法）

Sumatra Method (Wet Hulled)

### 原住民傳統作法打造強勁特色

印尼蘇門答臘島北部栽種咖啡的歷史悠久，當地原住民自古以來便流傳一種名為濕剝法的獨特處理法。因為島上大多是以家庭為單位的小規模生產者，缺乏大型處理設備，加上收穫期經常降雨，很難按照計畫風乾咖啡果實，所以自然而然發展出這樣的處理方式。生產者會先利用手動去皮機剝去果皮，再將殘留果膠的帶殼豆泡在水中清洗，然後風乾1天，當帶殼豆含水量減少至剩下30%左右時才脫殼。脫殼後的生豆稱作「Asalan」，質地柔軟得很，所以在後續乾燥和運送的過程中容易變形，形成皺巴巴的獨特外觀。雖然這種作法容易混入較多缺陷豆，但印尼咖啡豆獨一無二的異國風情，比如曼特寧，就是在這種特殊處理法下誕生的。

# 常見咖啡豆種

大多數人都知道自己平常喝的咖啡是什麼品種，但卻很少人了解這些咖啡背後的族譜。不過了解品種之間的關聯，我們也能更加深入了解咖啡的美味是怎麼來的。

## 咖啡的三大原生種

### 賴比瑞亞種

原產於賴比瑞亞的品種，僅占全球產量的1～2%，而且幾乎都是內銷。不過未來有可能會跟進優質（精品）羅布斯塔豆的崛起，開始慢慢銷往國際。

### 羅布斯塔種（卡尼弗拉種）

佔全球咖啡產量約30%的羅布斯塔種原產於剛果。羅布斯塔（Robusta）意即強而有力的生命力，東南亞與巴西也有栽種。這個品種味道非常苦，通常會用來製作即溶咖啡和罐裝咖啡。

### 阿拉比卡種

日本常見的咖啡幾乎都是阿拉比卡種。阿拉比卡豆原產於衣索比亞，目前佔了全球約70%的咖啡產量。研究指出阿拉比卡種擁有超過100種子品種。

**我們常接觸到的咖啡幾乎都是阿拉比卡種**

實際上，最常出現在咖啡店裡的幾乎都是阿拉比卡種的子品種。阿拉比卡豆擁有舒服的酸度與風味，而且可透過不同的焙度造就豐富的變化。至於羅布斯塔豆的特色在於耐病蟲害，所以產量很高，但味道非常苦澀且厚重，通常用於製作即溶咖啡等加工品。

# 咖啡豆的主要品種與譜系圖

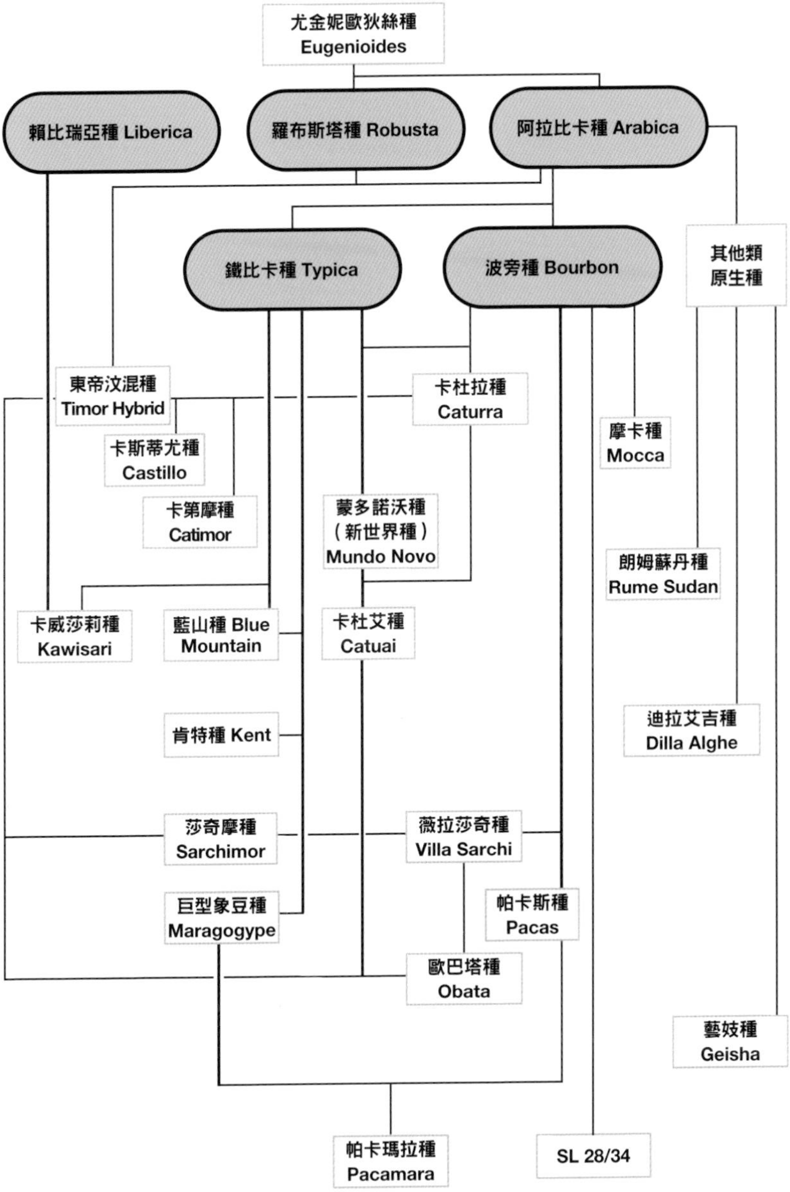

# 光是阿拉比卡咖啡就有這麼多種

我們每天享用的咖啡十之八九都屬於阿拉比卡種。阿拉比卡種衍生出來的子品種多如茂密枝葉，每一種都為我們帶來風味細膩、香氣高雅的咖啡。

### 巨型象豆種

巨型象豆種果實碩大、風味獨特，帶著一點類似蘋果的細緻滋味與黑糖般的甜味。產量低，相對價格也高。

### 摩卡種

數個原生種的混種，栽種於葉門和衣索比亞。摩卡種平均樹株矮小，生豆也是所有咖啡品種中顆粒最小的，不過特別的是豆子外型非常圓。但摩卡作為咖啡品牌名稱時並不等於摩卡種咖啡豆（詳見P.118）。

### 鐵比卡種

阿拉比卡種底下最古老的子品種，其他品種全都是與鐵比卡種雜交或鐵比卡種本身突變而生。雖然鐵比卡種咖啡個性細膩、栽種不易，但優雅的酸味和香氣卻是無與倫比。

### 蒙多諾沃種

鐵比卡種與波旁種之間的自然雜交種，名稱取自發現該品種的巴西當地地名。蒙多諾沃種強壯耐病，低海拔地區也種得起來，所以產量非常高。

### 卡杜拉種

於巴西發現的波旁種突變種，產量高、樹株矮，適合人工採收。產地主要集中於哥倫比亞、巴西與中美洲國家。

### 波旁種

於馬達加斯加以東的波旁島（今留尼旺島）發現之突變種，高雅的甜味深受市場喜愛，底下也衍生出許多變種與改良種。

## 阿拉比卡種底下不計其數的子品種

「阿拉比卡種」是孕育出最多子品種的咖啡原生種，其數量已經超過百種。我們在店裡買到的咖啡豆幾乎都是阿拉比卡豆。阿拉比卡種在世界各地經過突變或品種改良，衍生出各式各樣的品種。最具代表性的突變種如「波旁種」和「巨型象豆種」。這幾年一些結合了羅布斯塔種高產量、耐病蟲害特質的阿拉比卡混種豆品質也明顯提升。而知名高級咖啡「藝妓」和「朗姆蘇丹」這類純種豆則擁有混種豆上找不到的特殊香氣。

### 藝妓種

藝妓先是從衣索比亞引進哥斯大黎加的試驗場，最後輾轉抵達巴拿馬，並於2004年的杯測會上一戰成名，至今依然屢屢刷新全球咖啡的評測分數，可謂精品咖啡的頂點。

### 朗姆蘇丹種

於非洲蘇丹發現的野生品種，特色在於耐病，生豆外型又大又長，只不過產量稀少，日本也鮮少進口。

### 帕卡瑪拉種

薩爾瓦多以帕卡斯配種巨型象豆開發出的混種豆，特徵在於帶有類似巧克力與熱帶水果的甜味以及香草植物般的香氣，受歡迎的程度和藝妓不分軒輊。

### 卡第摩種

卡第摩種是卡杜拉種與耐葉鏽病的東帝汶混種（阿拉比卡與羅布斯塔的雜交種）交配誕生的品種，收成量大、強壯耐病，特色是苦味俐落。

### 卡斯蒂尤種

卡斯蒂尤種誕生於哥倫比亞，和卡第摩種一樣原本是混種豆，後來再經過人為篩選改良，既保留了耐病蟲害的特性又不失良好風味。卡斯蒂尤種除了風味佳，壽命也很長，能適應各式各樣的氣候。

### 帕卡斯種

帕卡斯種擁有類似波旁種的優雅香氣，最早發現於薩爾瓦多西北部聖塔安娜的帕卡斯家農地，和卡杜拉種一樣屬於樹株矮小的品種。

# 風味的煉金術「烘焙」

烘焙是激發咖啡風味的關鍵環節。烘焙帶來的熱化學反應能創造出各式各樣的香氣與風味，或削減、修飾生豆本身的缺點。要說咖啡的美味成分有80%是由烘焙過程決定也不為過。

酸味較強➡

中淺焙

淺焙

※ 此焙度分類僅供對照本書內容參考

1 爆

豆子的狀態

豆子膨脹

豆子收縮

**高度烘焙**
**High Roast**

較深的淺焙，也是精品咖啡最標準的焙度。酸中帶有微微的苦味，無論哪個品種、哪個產地都可以品嘗到符合咖啡印象的味道，也有一點厚實度。

**中等烘焙**
**Medium Roast**

我們一般說的淺焙豆就是中等烘焙的熟豆。顏色是明亮的栗子色，泡出來的咖啡口感清爽，帶有舒服的酸味。巴拿馬和衣索比亞的高級豆即使只烘到中等烘焙也已經相當馥郁又美味。

**肉桂烘焙**
**Cinnamon Roast**

比輕度烘焙再深一點點的焙度，顏色接近肉桂色。雖然豆子質地還很硬，但已經開始出現熱化學變化帶來的香氣，聞起來也更像咖啡了一點。這個焙度在市面上也比較少見。

**輕度烘焙**
**Light Roast**

淺焙度中程度最輕的焙度，所以還保有一點生豆的黃色。輕度烘焙的豆子質地堅硬，而且殘留著穀物般的氣味，市面上幾乎看不到這種焙度。

## 生豆經過加熱後會產生各種香氣與風味

咖啡生豆質地堅硬且帶有青草味，沒辦法直接拿來沖泡成飲品，需要透過烘焙進行加熱，引發水解、聚合等複雜的化學反應，才能激發出豆子的香氣成分。雖然每個烘豆師都有自己的烘豆邏輯與作法，不過基本上過程都是將含水量百分之十左右的生豆加熱八～二十分鐘，升溫至攝氏一七〇～二二〇度左右。烘焙會使得生豆中的揮發性物質減少，重量減輕百分之十～二十，顏色和大小也會產生明顯變化。烘焙程度的判別大多依據此處介紹的八種類型分類法。我們一般是直接看豆子的顏色來辨別，但包含生豆處理法在內，很多原因都會影響熟豆呈現的顏色，所以依烘焙階段來區分會比較精準一點。

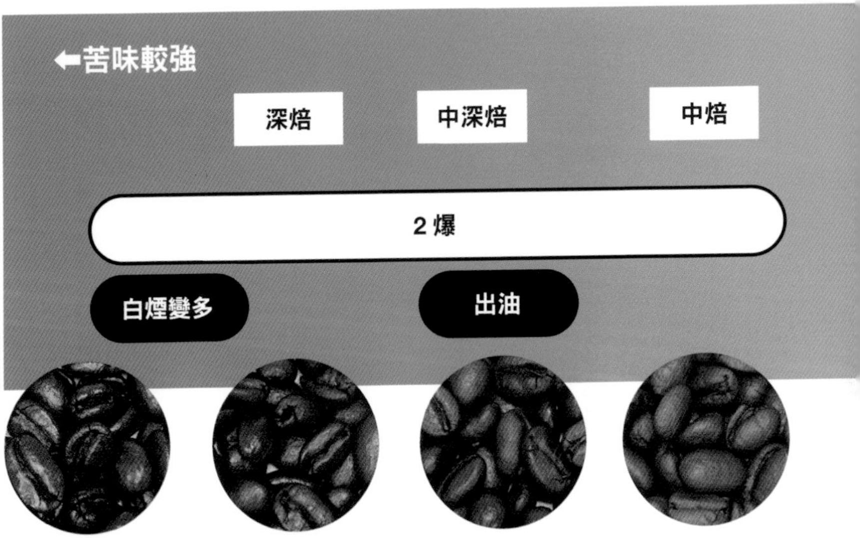


**義式烘焙 Italian Roast**

義式烘焙是已經逼近烘焙上限的超深焙度，出現刺激性苦味、煙燻味與獨特的香氣。義式烘焙也有不少死忠粉絲，內行人會做成Demitasse、Espresso等濃縮咖啡純飲。

**法式烘焙 French Roast**

法式烘焙的豆子呈現類似黑巧克力的顏色，泡出來的咖啡風格醇厚，是長久以來許多人喜愛的口味。其口感紮實、苦味溫和，尾韻甘甜。高級咖啡豆的優雅酸味即使烘到這個焙度依然能充分保留風味特色。

**深城市烘焙 Full City Roast**

較溫和的深焙度，可以品嘗到烘烤的香味。這個階段的酸味已經明顯降低，苦味更加張揚、口感厚實，並且開始出油。這個焙度的曼特寧和肯亞豆，香料風味的表現會很明顯。

**城市烘焙 City Roast**

即將進入深焙的階段，豆子呈現非常符合咖啡形象的深褐色。這個焙度的酸味更溫和，苦味也恰到好處，酸苦之間取得平衡，是老咖啡館最常見的焙度。

咖啡豆是有生命的，所以如何保管烘好的豆子，將決定後續是熟成出更優質的風味，還是迎來令人失望的變質。以下我會列出3個延長豆子優良狀態的保存重點，並介紹適當的保存環境。

**能完好封存咖啡美味的3個重點**

**Point ❶ 溫度**

後熟的環境最好維持在室溫（20～25℃）。夏天室溫較高的時候建議使用密閉容器，放在冰箱內保存。

**Point ❷ 容器**

咖啡豆一接觸到氧氣就會開始變質，將好的東西變成不好的東西。加上香氣成分屬於揮發性物質，所以應盡量選擇不透氣的密閉容器。

**Point ❸ 場所**

咖啡豆若長時間曝曬於陽光下，會因為紫外線而變質，所以應該保存在陽光照不到的地方。LED的紫外線比螢光燈少，對咖啡來說比較無害。

**咖啡烘好後妥善保存**
**五～三十天內飲用完畢**

咖啡豆是一種敏感的生鮮食品，就算一開始很好喝，一旦保存不當就很容易走味。

咖啡豆買回來後先確認烘焙日期，原則上烘豆完畢後最好常溫保存，並於三十天內飲用完畢。如果即將超過三十天卻還沒喝完，建議分成小袋包裝並冷凍保存。而且為了確保密不透風，建議用兩層袋子封裝。咖啡豆是活的，烘焙過後依然會持續後熟，所以保存時請裝進茶筒之類的容器。若要長期保存則使用密封容器，並置於照不到光的陰涼場所。

# 選擇密閉性佳、容易使用的容器

咖啡豆容易吸收濕氣，香氣也很容易揮發，所以建議選擇密閉容器保存。玻璃罐的好處是方便觀察保存狀況與剩餘量，而且每種咖啡的顏色、造型都不一樣，長相各有特色，擺起來還可以妝點你的廚房。

蓋上蓋子後完全密封的漂亮保存罐。

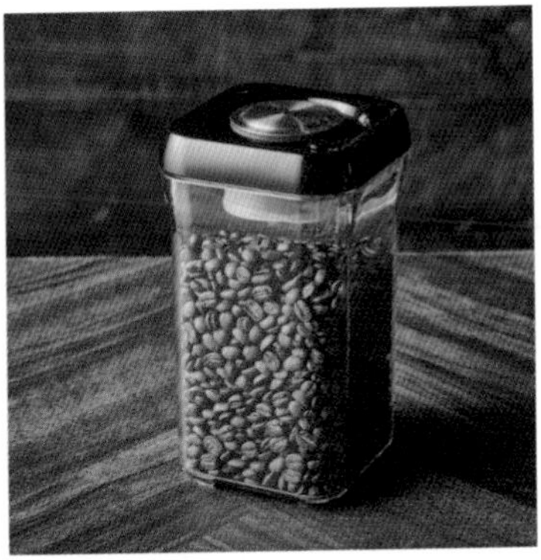

可以抽真空的密閉保存罐。

**期待熟成**

咖啡豆在烘焙過後依然會繼續熟成。新鮮的豆子買回來後可以裝進茶筒，保持與空氣適度的接觸，並在達到自己喜歡的狀態時分裝小袋冷凍保存。

**分小包裝冷凍**

想要阻止咖啡繼續變質，冷凍的效果最好。但取出時的溫差可能引起結露現象，所以最好分成1杯、2杯的小份量保存。

探尋美好的咖啡

# 逐獵咖啡世界之旅

Vol.2

橫越碧藍海洋，登上珊瑚礁島（作者為照片左方人物）。

向村長夫人討教傳統的柴火土鍋烘豆法。這需要一點技術，否則一下子就燒焦了。

沉睡在密林中的瑰寶
天然麝香貓咖啡

## 龍目島

### 在森林中發現陽光照耀的咖啡寶石

我們一行人從峇厘島的登帕薩搭上小型飛機，前往雨季剛結束的龍目島。白天明明暑氣逼人，太陽下山後卻突然變得冷絲絲的。我跟著長年研究藥草的熱帶植物學家與充滿熱忱的探險家，一路朝著東邊的森林前進，準備尋找野生麝香貓留下的稀有天然咖啡。沿路顛簸了六個小時，終於來到林賈尼火山下的小村落，接受村長一家的盛情款待，隔天早上村裡的孩子便帶我們進入森林。意想不到的是，我們發現那琥珀色寶石的地方竟是在陽光照耀的岩石和傾倒的樹木上，而不是腳邊的草叢中。我按捺內心的興奮，採集回來後馬上著手處理生豆。首先遵照傳統的自然曝曬方式，再用質地細緻的

麝香貓咖啡豆與咖啡櫻桃。咖啡樹下可以撿到麝香貓吐出來的咖啡果皮。麝香貓是夜行性動物，警覺性非常高，喜歡在能看清周遭環境的地方活動。

採收回來後需要盡快清洗、曬乾。照片為仔細觀察豆子狀況的同行隊員。

躺在岩石上，沐浴著陽光的天然麝香貓咖啡豆宛如寶石。

夜間手沖。我在迎賓晚餐會上為大家獻上日式手沖咖啡聊表謝意。孩子們閃閃發光的眼神令我印象深刻。

網子輕揉搓洗。洗著洗著手掌也被磨得光滑，拿起來一聞還能感受到大自然的恩賜與令人沉醉的高貴香氣。

由於全球氣象異常，我們在乾季碰上豪雨，卡車輪胎深陷泥濘，大家只好一起推車。

同行的植物學家採完周遭樹林裡的藥草，爬上全島馬力最強的卡車貨台。

途中經過一座村落，我們向當地學校的老師問路。當地現在還是很仰賴紙張地圖。

由壯闊山岳守護的
夢幻麝香貓咖啡

# 松巴哇島

**前往人類與自然之間**
**尚且維持住平衡的深山**

或許是因為度假地開發的關係，我第二年造訪龍目島時路途已經舒服許多，然而咖啡的收成量卻少了將近一半。隔年我更前往東邊的松巴哇島。我們搭乘當地馬力最強的TOYOTA卡車挑戰陡峭的山路，卻不幸碰上比往年還要長的雨季和滿路的泥濘阻撓。我們在路過的村子借宿、問路，沿著地圖上找不到的道路前進。雨勢漸強，一行人最後甚至陷入和遇難沒兩樣的窘境。我們靠著野生的大橘子和甘蔗勉強維持水分，並沿著陡峭的山路徒步折返。雖然折返途中抵達一座已經蒐集了許多麝香貓咖啡的村落，但我們自己在這一趟路上發現的卻寥寥無幾。真正的麝香貓咖啡只會出現於人類活動與自然

路上發現大量的咖啡櫻桃。由於當地爆發瘧疾，因此處理作業暫時停擺。我們在抵達目的地之前經過的村落看見已經收成、乾燥的麝香貓咖啡，大小與保存狀況都非常良好。

勉強維持均勢的地方。我懷著麝香貓咖啡捎來的啟示，思索著它背後的價值與意義，淋著大雨花了十個小時走下山。村落裡的燈光是如此溫暖。

農地鄰近海洋也是日本咖啡的特色。

拓展咖啡帶北界
日本國產咖啡的
明日之星

# 沖繩

沖繩北部森林中也有種植咖啡樹。

## 嘗試表現日本風土的嶄新挑戰

世界咖啡巡迴之旅最後一站抵達的國家，是和其他產地相隔最遠的日本。咖啡原是西方異國的飲品，經由南蠻商人傳入日本後過了數百年，如今咖啡文化已經滲透日本的飲食文化，日本也成為能喝到世上最美味咖啡的國度。但大家不知道的是，其實日本自明治時代起便已在沖繩和小笠原等地推行栽種咖啡的政策。來自東南亞的古代品種和巴西研究所送來的新品種，在沖繩的森林中與父島民宿的後院中靜靜地開花、結果。

然而這個全球咖啡產區北境因為氣溫、颱風等惡劣的環境條件，收成量始終不如預期。晝夜溫差小的低地栽培環境無法讓豆子發展出堅硬的質地，也就

聘請講師來幫咖啡農上課。30位咖啡農帶著認真的神情坐在山原森林裡學習。

在育苗軟盆中備受呵護的咖啡幼苗。

需要搭建堅固的小屋來抵禦強烈颱風。

無法像國外知名產地一樣產出口感醇厚、酸味華麗的咖啡。即便如此，當地咖啡農依舊懷抱熱忱。其中我參與的沖繩本島北部產咖啡憑藉著細膩的手工栽培與獨特蜜處理方式，於2016年獲得了日本史上第一座（同時也是最高緯度的）國際精品咖啡認證。為了表現日本獨特的風土條件，和建立於茶道、咖啡文化基礎之上的嶄新風格，當地引進最新技術，不斷發起挑戰。或許本州和北海道各地出現迷人咖啡莊園的光景也是指日可待。

# 挑戰居家烘豆！
# 手網＆手搖烘豆法

沒有專業的大型烘豆機，也能夠烘焙咖啡豆。雖然自己在家烘豆難免會烘得不太均勻，但真的很有趣。除此之外，享用現烘咖啡也是居家烘豆值得玩味的地方。以下介紹如何操作手網與手搖烘豆機，兩者都很好上手。

我們可以到咖啡專賣店購買生豆，透過網路訂購也很方便。為了確保所有豆子含水量平均、沒有銀皮，烘焙前也可以用清水洗過再乾燥。

居家烘豆的器具。照片靠前方的烘焙手網是入門門檻最低的工具。後面則是手搖烘豆機，也有電動式的滾筒烘豆機。

## 手搖烘焙

**安裝**

將手搖烘焙機架在瓦斯爐上。

**倒入生豆**

使用專用漏斗將生豆倒入滾筒。

**開火轉動**

一開始先用小火慢慢加熱，等到水分蒸發、豆子顏色接近金色後轉強火並加快轉速。豆子在滾筒中滾動的聲音會逐漸產生變化。

**確認狀態**

利用取樣勺觀察豆子的狀況，並在恰到好處的時候倒出，馬上冷卻。

## 手網烘焙

**1 放入生豆**

秤好生豆的分量，倒入手網。也可以用平底鍋代替，但豆子在烘焙過程會彈來彈去，所以還是建議使用附蓋子的專用手網。

**2 中火加熱**

瓦斯爐開中火，一開始離遠一點慢慢加熱。為避免加熱不均勻，烘豆時手網必須保持水平前後左右晃動，不要傾斜。

**3 確認溫度**

手靠近手網，維持在感覺有一點燙的溫度。烘豆後期可以轉強火。

**4 烘焙結束**

生豆經過10～15分鐘的烘焙後會開始爆裂。爆裂結束後即可將豆子取出冷卻。

Part.5

# 學習咖啡的知識

咖啡深邃的味道與香氣，會因為品種、處理法、產地而具有不同的特色，帶給我們多元的享受。每個產地和品牌背後都有豐富的歷史，有些咖啡還擁有特立獨行的名稱。接下來這一章我們要了解更詳細的咖啡基礎知識。

# 傳統咖啡館的經典＆招牌品項

咖啡館或咖啡專賣店的品項表上羅列著許許多多的咖啡，這些名稱總能激發我們的想像，帶領我們遙想產地風景，彷彿真的走了一趟旅行。咖啡大有學問，它不只是一種飲品，其香氣背後還乘載著歷史與文化。

## 曼特寧
**印尼產的高級咖啡豆**

曼特寧是蘇門答臘島北部原住民曼特寧族栽培的豆種，名稱也取自該民族。曼特寧豆擁有獨一無二的熱帶風味與強勁苦味，而且只占印尼咖啡豆總產量不到百分之十，在市場上屬於高級豆。

## 摩卡
**充滿水果般的酸味與飽滿甜感**

摩卡是葉門老港口的名稱，長久以來也用於統稱衣索比亞和葉門產的咖啡豆。摩卡多採用傳統的日曬處理法，風味具有強烈特色。

## 吉力馬札羅
**酸味強勁、深韻十足**

吉力馬札羅產自非洲的坦尚尼亞，名稱來自橫亙坦尚尼亞與肯亞國境的吉力馬札羅山。酸味與厚實度皆很突出，還帶有甘甜的香氣。

## 巴西 聖多斯
**適度的苦味與堅果般的香氣**

聖多斯來自咖啡大國巴西，味道和香氣都很平衡，是風味最「標準」的咖啡。其酸味柔和，帶有一點類似堅果和巧克力的甘甜。從聖多斯港（Santos）出口的聖多斯No.2更是當中最經典的品項。

## 瓜地馬拉 SHB

**香氣複雜、口感厚實**

**經常調配成綜合豆**

這種豆子口感偏酸、帶有花香，容易與其他豆子相互搭配。瓜地馬拉境內擁有火山帶來的肥沃土質，咖啡豆多採水洗方式處理。

## 夏威夷可娜

**美國白宮御用高級豆**

夏威夷島可娜地區生產的知名咖啡，是少數由已開發國家栽種的咖啡豆，水準非常穩定。不過近年碰上葉鏽病侵擾，收成量與品質皆下滑。

## 藍山

**香氣高雅的「咖啡之王」**

藍山咖啡是只產於牙買加藍山山脈海拔800～1200m地區的優質咖啡豆，栽種過程必須符合國家嚴格規範，總產量有八成是銷往日本。近年來藍山豆因為颶風而減產，變得更加稀有。

## 翡翠山

**平易近人的柔和咖啡代名詞**

哥倫比亞境內的主要咖啡產區分成北部、中部、南部，北部產區的豆子酸味比較柔和，南部產區的豆子酸味比較明亮。其中等級最高的豆子便稱作翡翠山。

## 摩卡、曼特寧、吉力馬札羅、SHB到底是什麼意思？

日本咖啡業界以往習慣替全球各地的咖啡豆取名，並加以品牌化。這些名稱雖然能傳遞產國歷史與風土民情的浪漫，但觀點與定義歧異的現象也影響消費者接收正確資訊。儘管如此，我們還是可以將五花八門的品牌名稱簡單整理成下面內容。

由於每個品牌的成立背景和分級標準都不一樣，容易造成混淆，所以現代精品咖啡、單品咖啡、第三波咖啡浪潮等新概念中，不太喜歡使用這種含糊的品牌名稱，而是依照國名、地區名、莊園名、規格、尺寸、品種名、處理法、收成年的順序標示，盡可能以統一的資訊交流。當你有辦法從咖啡豆的檔案（詳細資訊）聯想可能的風味，享受咖啡的樂趣也會多更多。

**產區名**

藍山、可娜

吉力馬札羅

**歷史緣由**

摩卡、曼特寧

翡翠山

**豆目大小**

Supremo（哥倫比亞）

No.1（牙買加）、AA（肯亞為主）

**海拔規格**

SHB（瓜地馬拉為主）

SHG（墨西哥為主）

**瑕疵率**

G1（衣索比亞為主）

No.2（巴西）

# 咖啡豆產地與主要品牌

咖啡豆會根據氣候條件、土壤、品種、處理法等諸多原因孕育出不同的風味特色，而這些特色正是「風土」，展現了土地本身的自然力量與生產者的心血。以下以介紹咖啡帶（詳見P92）之內幾個產地的特色與主要咖啡豆品牌。

## 技術的先鋒　中美洲

### 投入先進科技<br>帶動咖啡業界發展

中美洲各國都屬於比較新興的咖啡產地，不少地方舉國投入發展咖啡產業。這裡出產的「藍山」、「水晶山」從前是許多日本人心中的最愛。這些年來中美洲的生產型態走向小規模莊園、有機栽培，借助尖端科技持續研發品種並改良處理法，產出的咖啡豆屢屢驚豔世界，其中不乏知名的「巴拿馬藝妓」。

## 咖啡的故鄉　非洲

### 特色是酸味明亮、<br>口感紮實

非洲主要的咖啡生產國除了最早發現咖啡的衣索比亞，還包含了肯亞、坦尚尼亞、盧安達；西非地區也盛產羅布斯塔豆與賴比瑞亞豆。以前咖啡館常見的「摩卡」、「吉力馬札羅」就替非洲咖啡豆打開了知名度，如今在精品咖啡的世界，非洲同樣是充滿潛力的產地。

## 咖啡是開發中國家的重要財源與文化象徵

咖啡產地遍布全球，尤其對開發中國家來說，咖啡不僅是重要的收入來源，每種魅力十足的品牌也反映了各地豐富的特色。咖啡論栽培風格、論處理方式皆多元，最後呈現的風味也乘載著每個國家、地區的歷史文化。近年來各個產區的基礎建設與資訊網絡迅速發展，因此產地特徵也持續演化出更加豐富的樣貌。有些地方堅守傳統的味道，有些地方則引進其他產地的製程，研究出前所未有的風味。咖啡儼然成為觀察今日世界文化的重要指標。

## 世界最大產地　南美洲

### 大規模農場管理
### 成就世界標竿

南美各國的產量都相當可觀，包含全球產量居冠的巴西、哥倫比亞、祕魯、玻利維亞。委內瑞拉也正在復興咖啡產業，未來值得期待。日本明治時代實施的移民政策將大量巴西咖啡引進日本，所以巴西豆對日本人來說也是一點都不陌生的味道。這塊傳統與先進共存，還有不少日裔生產者的產地備受全球矚目。

## 特色豐富的亞洲、大洋洲

### 星羅棋布的
### 獨特品種與處理法

舉凡夏威夷、印尼、越南、泰國、緬甸、印度、斯里蘭卡，其實很多亞太國家都有栽種咖啡，只是不太出名。近年包含中國雲南、台灣及日本也開始栽種值得關注的高品質咖啡。其中夏威夷的「可娜」和印尼的「曼特寧」是日本人也熟悉的味道。

# 野生咖啡樹叢生的咖啡發祥地

# 衣索比亞

衣索比亞的豆子最早是以「摩卡」之名闖蕩世界，當地有茂密的野生咖啡樹，且至今仍保留著阿拉比卡種的原生樹株。

生長於衣索比亞高原的野生阿拉比卡種果實，自古以來既是食品也是藥品，後來是於當地寺院發展出烘焙、飲用的型態。

紅海對岸的葉門開始栽種咖啡的時間也很早，而從當地摩卡港出口的咖啡，便是人們口中習稱的「摩卡」。

衣索比亞是一座風情萬種的咖啡產地，既有因襲傳統的日曬處理法，也可以找到相當現代化的精品豆。

**知名咖啡豆**

**哈拉BG**　東部哈拉地區海拔2000m高地栽種的傳統原生種。

**西達摩G1**　西達摩地區栽種的咖啡豆，擁有類似辛香料的香氣與飽滿的酸味。

# 鮮美明亮的酸味 俘虜全球咖啡迷

## 肯亞

至今仍有不少大規模農場，栽種耐乾燥、日曬的改良品種。

肯亞的咖啡豆擁有奔放的甜感與酸度，令人聯想到黑醋栗、葡萄柚甚至水果番茄的味道。

當地栽種咖啡的歷史並不長，才將近百年，不過開發出的品種與獨一無二的肯亞式水洗法造就了乾淨度超群、可淺焙可深焙的生豆，近年來備受國際讚譽。

肯亞持續產出高品質咖啡豆，並習慣依豆目大小分成「AA」與其他諸等級。

**知名咖啡豆**

**SL 28 SL 34** 肯亞曾為英國的殖民地，而這2款咖啡豆是位於首都奈洛比的「SL實驗室（Scott Laboratories）」所開發的波旁改良種，以新鮮酸味為特色。

# 自然豐饒的千丘國度
# 盧安達

適合栽種與處理的理想高地上，出產一批又一批風味乾淨的水洗豆。

盧安達種植咖啡的歷史要追溯到一九〇〇年代初期的殖民地時代，當時宗主國將咖啡訂為國家指定農作物，促進咖啡產業迅速成長。現代之所以還留有許多小規模咖啡農家也是源自過去的這一段歷史。

雖然一九九〇年代的內戰嚴重打擊咖啡產業，但後來經歷了人稱「盧安達奇蹟」的經濟起飛，盧安達咖啡豆的品質也隨之突飛猛進。當地擁有肥沃的火山土壤、充沛的雨量，以及高地勢等理想栽種環境，現在已成有機栽培豆和精品咖啡豆的知名產地。

**知名咖啡豆**

**Abatunzi**　具有花朵、草木等自然的香氣與沉穩的酸味。
**Mibirizi**　生長於西部村莊周圍，源自瓜地馬拉的獨特品種。

# 以「吉力馬札羅」聞名的經典產地
# 坦尚尼亞

近年來境內各地出現許多小型農家生產合作社打造的CPU（共同處理場），咖啡品質逐漸提升。

一八九〇年左右，坦尚尼亞從留尼旺島（舊稱波旁島）引進純波旁種並大量栽培。非洲最高峰吉力馬札羅山（海拔五八九五公尺）就位於坦尚尼亞，而且該國全境幾乎都位於海拔將近一千公尺的高地，非常適合栽種咖啡。「吉力馬札羅」這個名稱已經變成一種品牌，尤其受到日本人歡迎。在日本傳統咖啡館，不同焙度的焙吉力馬札羅咖啡也有不同的稱呼，清爽帶酸的淺焙豆稱作「吉力曼（キリマン）」，厚實香醇的深焙豆則稱作「深炭（深タン）」。

**知名咖啡豆** **KIBO Snow Top** 篩選標準比AA更加嚴格，擁有紮實的酸味與甘甜香氣。豆子名稱源自吉力馬札羅山的形象。

# 多重火山環繞而生的強勁繁複香氣
# 瓜地馬拉

小型農家組成合作社，同心協力保護環境、提升產量。

瓜地馬拉的咖啡農業大約在一八五〇年前後就已經相當普及，只不過三番兩次的政局動盪使得農場始終不得安寧。

然而近幾年瓜地馬拉的咖啡豆品質明顯提升，包含安提瓜在內的8個產區甚至已經成長至足以牽動精品咖啡圈的發展。這些產區周圍被重重火山包圍，稀有土質孕育出咖啡豆繁複且強力的風味。

瓜地馬拉有很多小型咖啡農一手包辦從栽種到處理的一連串生產過程，他們產出的咖啡豆品質超群，具備與眾不同的香氣。

### 知名咖啡豆

**安提瓜屋頂農園 La Azotea**　產地位於海拔1600m的地區，生豆品質優異，適合淺焙也耐深焙。

**艾茵赫特莊園El Injerto**　薇薇特南果地區的知名莊園。該莊園栽種帕卡瑪拉種，並採取多樣的處理方式。

# 領先全球的
# 精品咖啡界先驅
# 哥斯大黎加

哥斯大黎加經營生態旅遊歷史悠久，很多人也喜歡參加導覽行程，尋訪藏身於豐沛自然中的咖啡園。

一八二一年哥斯大黎加脫離西班牙獨立，中央免費發配咖啡種子給地方政府，四年後更取消對咖啡農徵稅，於是咖啡農地遽增，發展成哥斯大黎加的重要產業。

一九八八年，政府立法禁止國內種植阿拉比卡種以外的咖啡豆。哥斯大黎加身為環保先進國，生產的咖啡豆多半是精品咖啡，而且大多口感乾淨、香氣豐富，充滿高級感。

**知名咖啡豆** **小燭莊園 La Candelilla**　小燭莊園位於擁有「鳥與森林的聖地」美名的塔拉珠地區，是擁有120年歷史的咖啡豆知名品牌。

# 產量全球第3的柔和咖啡代名詞

# 哥倫比亞

北部莊園大多採行有機栽培，也以全人工收成。

哥倫比亞雖然早在一七三〇年左右便引進咖啡苗，卻要過了許久以後才開始正式栽種，因此起初非常注重小而美的模式，而不像巴西那樣選擇大量生產，直到二十世紀才開始迅速發展起來。

哥倫比亞國土有大半位於安地斯山脈的山區，咖啡樹也種在山坡上。由南至北各產區採收的咖啡豆皆呈現不同的風味特色。現在哥倫比亞的咖啡產量為世界第三，只落後巴西與越南。

### 知名咖啡豆

**翡翠山**　品質相當優良的咖啡豆，名稱取自當地開採的翡翠原石。

**青草莊園 La pradera**　青草莊園是位於中北部桑坦德地區的先進莊園，不只生產口感圓潤、風味多變的咖啡，多元品種也是該莊園的一大魅力。

# 藍山咖啡的產地

## 牙買加

每天固定時間從山上飄下來的霧氣就像窗簾，遮蔽了強烈的日照，讓咖啡慢慢孕育出美好滋味。

一七二八年英國總督將咖啡幼苗帶到牙買加，並於京斯敦的丘陵地帶開始栽種。之後海地革命迫使大量難民湧入牙買加，進而推動了咖啡產業走向成熟。雖然中間一度產量衰減，不過一九四八年政府設立了咖啡產業委員會C－B（Coffee Industry Board），高級品牌「藍山」的產量也趨於穩定。藍山咖啡因為擁有英國皇室御用咖啡、獨特木桶包裝等形象而大大風靡日本，至今藍山咖啡依然有將近八成的產量是銷往日本，其特色為風味乾淨俐落，口感細緻優雅。

**知名咖啡豆**

**藍山咖啡**　產地位於藍山山脈800～1200m的範圍，顆粒最飽滿的頂級豆標作No.1，產量十分稀少。

# 生產優質「藝妓豆」的新時代寵兒

# 巴拿馬

導入先進處理設備，精準操控多元風味的精品咖啡莊園。

巴拿馬的咖啡歷史起點發生在臨近哥斯大黎加國界的邦奎，但起步比其他中南美國家來得晚，要到十九世紀末才開始。然而巴拿馬擁有種植咖啡的理想環境，不只夾在太平洋、加勒比海之間，及巴魯火山帶來的肥沃土壤等因素使得咖啡品質飆升。

巴拿馬的咖啡生產者有不少北歐裔移民，這一點和其他產區比較不一樣。他們根據現代理論研究，並於二〇〇四年推出震撼全球的「藝妓種」。

**知名咖啡豆**

**翡翠莊園 ESMERALD**　引進衣索比亞古老的藝妓種，一躍成名的超名貴莊園。

**詹森莊園 JANSON**　位於巴魯火山西邊，擁有獨樹一格的風土特色。

# 全球產量第一的咖啡大國

## 巴西

巴西是世界第一的咖啡大國，栽培品種豐富，其中以「波旁種」最為知名。

一七二七年巴西從法國領地引進咖啡樹苗，並漸漸發展成供應歐美咖啡需求的大型生產國。當地有不少日裔生產者，他們是在明治、大正時代的移民政策下飄洋過海來到巴西，對巴西咖啡產業帶來莫大貢獻。巴西的產地特徵在於海拔較低，擁有多數寬廣平坦的大型農場。品種部分以波旁種和蒙多諾沃種為主，處理法則以日曬和半日曬為大宗，不過這幾年也很積極開發咖啡豆的新香氣。巴西的咖啡豆產量是世界第一。

**知名咖啡豆**

**聖多斯No.2 / S18**　聖多斯港出口的所有生豆中，最高等級且豆目大的No.2是巴西豆經典中的經典。

**Premium Chocola**　可可般的滑潤甜味和堅果香氣令人欲罷不能。

# 有機農法文化根深柢固的咖啡天空之城

# 祕魯

咖啡豆在晝夜溫差大的高山環境下可以慢慢成熟，醞釀出飽滿的甜味。

祕魯雖然和周邊國家一樣是在一七五〇年前後引進咖啡，不過開始栽培後將近百年都只有內銷，一直要到十九世紀末才開始外銷歐洲。

祕魯咖啡受限於地形，所以生產者多採有機農法。味道雖然普通、平實、沒有雜味，不過烘成深焙度時出現的那種濃郁甜感與柔順口感，除了讚嘆也沒有其他話好說。祕魯的咖啡豆以鐵比卡種為大宗。

**知名咖啡豆**

**蒙塔尼亞 薇若妮卡 Montagna Veronica**　栽種於比馬丘比丘更加險峻的深山之中，不少人鍾情於其高雅的香氣。

**禪茶瑪悠 Chanchamayo**

100%鐵比卡、無農藥、手工摘採且經過悉心處理，香氣別緻、口感醇厚。

# 換個島嶼、換個特色的香氣寶庫

## 印尼

獨一無二的蘇門答臘式處理法，造就紮實的口感、辛香料的滋味和熱帶風情。

每座島嶼都有不同特色的印尼咖啡歷史最早可追溯至十七世紀末，全區產量甚至一度稱霸全球。

然而一九〇〇年左右印尼爆發嚴重的葉鏽病，咖啡樹株近乎全軍覆沒，於是咖啡農開始改種耐病蟲害的羅布斯塔種和賴比瑞亞種。不過在疾病肆虐之下，蘇門答臘島的曼特寧族依然成功守住了當地的原生種，並且復育成功，那就是現在享譽國際的「曼特寧」。

### 知名咖啡豆

每座島嶼、每個地區都有不同的品種與處理法，也具有獨特的魅力。

- **蘇門答臘島**　曼特寧塔瓦湖、迦幼山
- **蘇拉威西島**　卡洛西托拉加
- **峇里島**　金塔馬尼高原
- **爪哇島**　爪哇羅布斯塔WIB-1
- **各地**　麝香貓咖啡

# 位於咖啡帶北界的新興產地
# 尼泊爾

尼泊爾咖啡農開墾喜馬拉雅山脈的險峻山坡，
採行全人工有機栽培，不使用任何大型機械。

尼泊爾的咖啡種植史源自一九八八年從緬甸輸入樹苗，並在國王的獎勵之下逐漸擴大種植規模。

尼泊爾的咖啡只種植在海拔八百公尺以上的高地，發揮喜馬拉雅山的涼爽氣候優勢搭配有機栽培，產出香氣優美的咖啡，現在已經正式銷往日本與世界各地，也培養出不少忠實粉絲。近來當地也開始與NGO積極合作，追求透過咖啡產業發展經濟並改善教育環境。

### 知名咖啡豆

**喜馬拉雅阿拉比卡 Himalayan Arabica**　外號「亞洲咖啡的寶石」，帶有爽朗的苦味和柔軟的甜感。

**珠穆朗瑪峰咖啡 Everest coffee**
尼泊爾咖啡的先驅，採自然農法栽種，不使用任何農藥。

# 全球產量第2的亞洲咖啡大國
## 越南

林園高原盛產高品質阿拉比卡豆。照片為作者在咖啡田中的小屋享用現代化設備沖煮的義式濃縮。

雖然越南在十七世紀末就有傳教士引進咖啡苗，不過一直要到被法國殖民後的一九〇〇年左右才開始大量栽種。越南最早以栽種阿拉比卡豆為主，但適合低地栽培、生產效率較高的羅布斯塔豆後來居上，人們為了壓抑羅布斯塔豆過重的苦味，結合了法國飲用咖啡歐蕾的文化，發展出加入煉乳的獨特越南咖啡。後來經過脫法獨立、越戰等幾番折騰，勤奮的越南終於苦盡甘來，躍昇為全球產量第二的咖啡生產國。雖然越南產的咖啡豆有九成都是羅布斯塔種，但部分農園也有出產高品質阿拉比卡豆。

**知名咖啡豆**

**EVERGREEN S18**
種植於大叻市高原地帶的高品質阿拉比卡豆，其特徵在於顆粒飽滿，且帶有香草植物般的酸度。

# 夢幻品種「尖身波旁」尚存的度假小島
## 新喀里多尼亞

當地的咖啡產業在1930年代盛極一時，二戰後一度衰退，現在又因奇蹟般發現夢幻品種而東山再起。

新喀里多尼亞為法國屬地，一八六〇年左右從留尼旺島（舊稱波旁島）引進高品質阿拉比卡種，並持續發展栽種規模直到一九三〇年代。後來因為戰爭和天災導致產量驟減，好巧不巧又碰上葉鏽病，造成阿拉比卡種近乎滅絕，於是各產地紛紛改種羅布斯塔豆。然而一九九七年，人們發現奇蹟存活下來的稀有阿拉比卡子品種「尖身波旁（Bourbon Pointu）」，新喀里多尼亞頓時成了全球咖啡迷的寵兒。

### 知名咖啡豆

**IDA - MARC**　近年因人們發現夢幻品種「尖身波旁」而聲名大噪。這個品種又名Leroy、Laurina，豆子形狀非常有特色，雖然產量不高，卻是風味絕佳的珍貴咖啡。

# 既有傳統的「可娜」，也有崛起的「卡霧」

## 夏威夷

夏威夷不只是觀光勝地，也是知名咖啡產地。其中傳統的「可娜」品質特別優異。

雖然一八一三年就有西班牙人將咖啡樹苗帶入夏威夷，但並沒有馬上普及，之後夏威夷國王卡美哈梅哈二世訪英時，隨行的歐胡島總督又從巴西帶了幾株樹苗回來。一八二八年夏威夷島上開始栽種咖啡，養分充沛的火山灰質土壤造就繁複的風味，尤其一九〇〇年以後許多日裔移民成功推動了可娜地區的咖啡產業，讓可娜咖啡風行美國乃至於全世界。雖然近幾年可娜地區碰上葉鏽病，咖啡產量大幅衰退，但卡霧和希洛等地產出的咖啡依然令人期待。

### 知名咖啡豆

**可娜 KONA**

擁有高雅的甜感與清新的酸味，是白宮指定使用的咖啡豆，在日本也相當受歡迎。

**卡霧 Ka'u**

味道香醇、帶點水果香甜。卡霧咖啡之中顆粒最大的最高等級品項和可娜一樣稱作「Extra Fancy」。

## 描述咖啡纖細的「風味」

# 咖啡風味輪

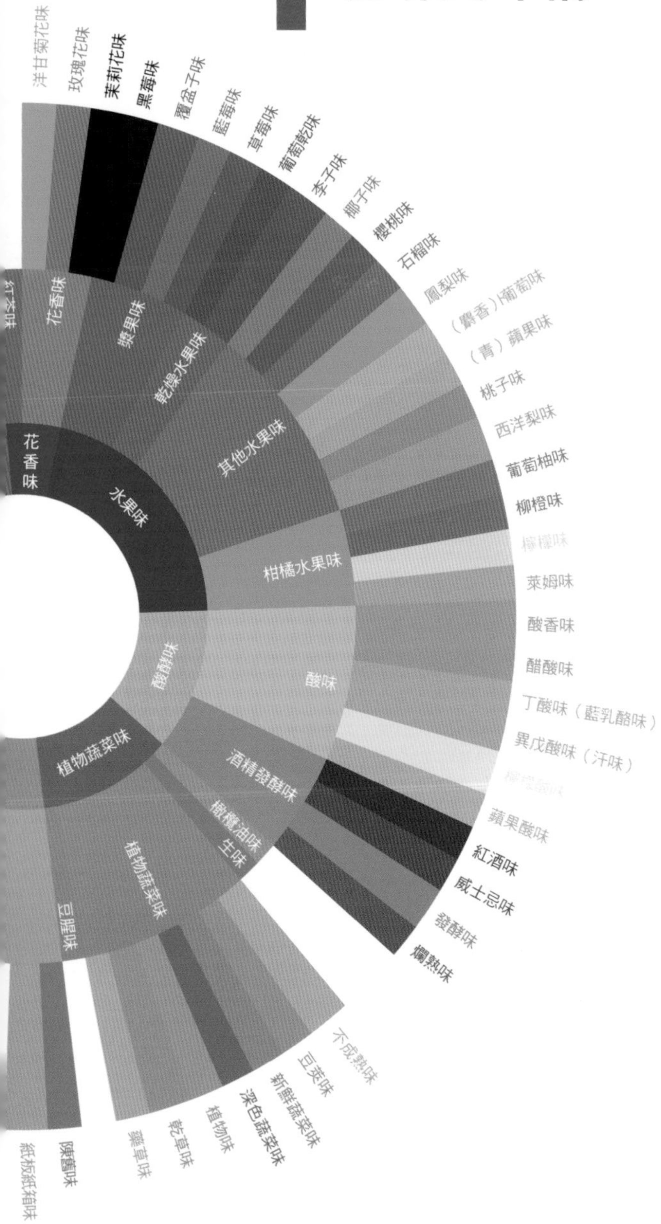

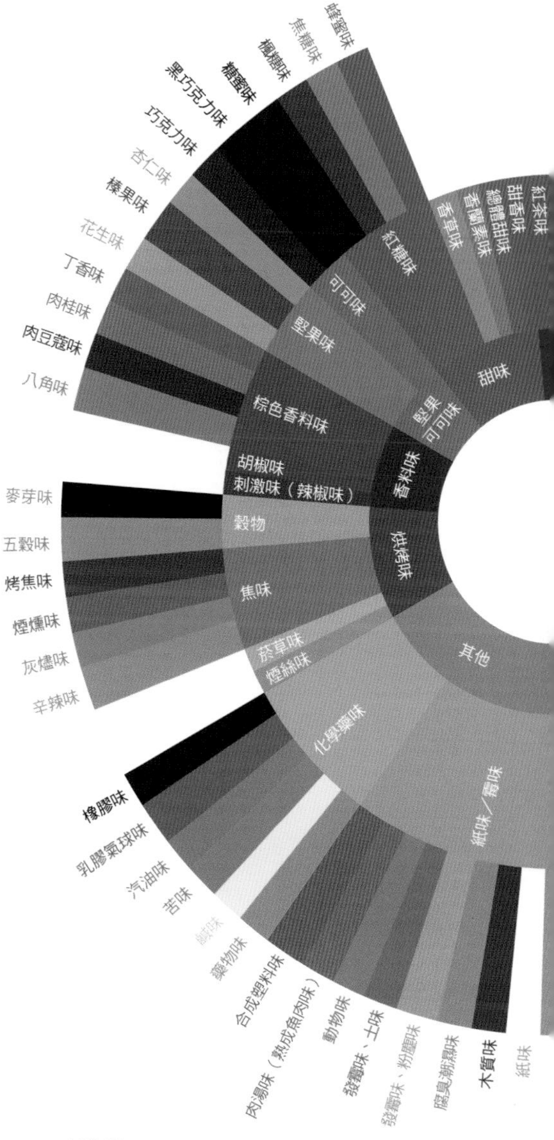


SCAA※（現SCA）制定的「咖啡風味輪」是用來描述咖啡的酸味、苦味、口感、香氣等整體「風味」的一項標準。我們杯測時為了以統一客觀的方式溝通風味，經常會引用這張圖表上的描述，而非單純憑藉主觀感受形容。二〇一七年還出現了一張名為「風味樹（Flavor Tree）」的圖表，該圖表現了咖啡風味的複雜度。雖然科學觀點很重要，不過憑藉個人感受辨認風味，並與他人分享也同樣重要。

※「Specialty Coffee Association of America」的簡稱。

# 精品咖啡

以往咖啡豆都是由生產者根據生豆外觀進行評級，標準包含海拔高度、豆目大小、瑕疵率等等。「精品咖啡」則是站在消費者的立場，在評判咖啡豆時加入「杯測」環節，多了運用感官品評「風味」的概念。

**1** **乾香氣、濕香氣（Fragrance、Aroma）**
注水前與注水後的香氣

**2** **風味（Flavor）**
評鑑風味的印象與強度

**3** **酸度（Acidity）**
清爽酸味的品質與強度

**4** **口感（Body）**
喝起來的紮實度、留在口中的醇厚感

**5** **餘韻（Aftertaste）**
咖啡殘留在嘴巴和鼻腔內的尾韻

**6** **甜感（Sweetness）**
判斷有無甜味

**7** **一致性（Uniformity）**
判斷5杯樣品的表現平均度

**8** **平衡度（Balance）**
風味架構是否平衡

**9** **乾淨度（Clean Cup）**
有無缺陷豆造成的雜質味

**10** **綜合評價（Overall）**
綜合整體標準下的感想、印象

### 日本從二〇〇〇年也開始風行「精品咖啡」

一九七八年法國舉辦的世界咖啡會議上首次出現「精品咖啡（Specialty Coffee）」一詞。以往最高級的咖啡習慣稱作「優質咖啡（Premium Coffee）」，不過這也是生產者單方面的評級，所以後來才加入站在飲用者立場的客觀評鑑要素。一九八二年，美國精品咖啡協會（SCAA）也正式成立。

精品咖啡的評分特色在於仰賴感官的加分式作法，評判的不只是味道本身，背後還包含了教育消費者與回饋生產者的精神，如「從種子到杯子（From Seed to Cup）」、「產銷履歷（Traceability）」、「永續性（Sustainability）」。

# 精品咖啡的特徵（定義）

一批咖啡豆若要獲得「精品咖啡」的認證，必須經過右頁10個項目的評選。每個項目以10分為滿分，精品咖啡的門檻為總計80分。明確的定義與數值化的作法使得「精品咖啡」擁有莫大的公信力。

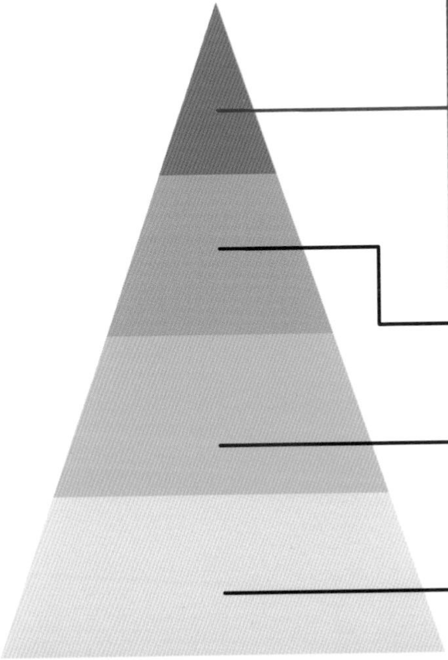

**精品咖啡 Specialty Coffee**
SCAA杯測分數總分80分以上者為精品。

**90分以上**
明確表現出產地特徵，香味辨識度高且稀少的咖啡。屬於Top of Top級別。

**85～89分**
帶有產地特徵、特色鮮明的咖啡豆。

**80～84分**
沒有缺點、明顯表現出產地特徵的咖啡豆。

**優質咖啡 Premium Coffee**
帶有產區特性的咖啡豆。雖然混有少量瑕疵豆，但價格比紐約一般行情還要高。

**商業咖啡 Comercial Coffee**
價格位居紐約一般行情的咖啡豆，例如瓜地馬拉SHB、哥倫比亞SUP、巴西NO.2。

**低階咖啡 Low-grade Coffee**
用於便宜且消耗量大的咖啡，通常含有較多瑕疵豆。

## 精品咖啡的價格是如何決定的

**C**
經SCA（精品咖啡協會）認證之杯測師／咖啡品質鑑定師（Q Grader）品評，並根據其提示業者之價格定價。

**B**
在原產國出口前參加過自行舉辦的拍賣會，並以其成交價格定價。

**A**
參加全球咖啡業者共襄盛舉的COE卓越杯咖啡競賽（Cup of Excellence），並根據拍賣會上成交的價格定價。

# 永續發展行動與相關認證

咖啡豆是一種很不穩定的商品，價格經常隨著市場狀況載浮載沉。永續發展行動即是為了確保消費者能喝到美味的咖啡，同時保障生產者權益與自然環境的措施。

**栽種過程不使用農藥、化肥的咖啡**

**各式各樣的認證**

### 日本有機 JAS 認證

栽種過程中無使用特定農藥、除草劑、合成物、化學肥料的咖啡豆。除了咖啡豆，現在也有愈來愈多符合上述規範的食品得到消費者的支持，只不過近年來咖啡產業追求有機的勢頭特別強勁，有機咖啡豆的產量也與日俱增，但比較麻煩的地方在於有機和美味並不見得能劃上等號。該認證的理念在於採取順應自然的農法，養育土壤本身的品質。

## 注重安全性、環保、支持生產者

在人們積極推行永續發展的行動下，出現了各式各樣保障咖啡穩定生產消費鏈的認證標章。例如有機認證是針對生產端的嚴格規範，鳥類友善咖啡是注重自然環境保護的機制，而公平貿易標章旨在穩定市場價格，這三項認證的目標都是為了維持安定的供需平衡。除了上述幾種之外還有不少認證機制，比方說「雨林聯盟認證（Rainforest Alliance Certified）」。不過其中最難取得的還是公平貿易標章，畢竟在市場價格劇烈波動的情況下還必須顧及有機、環保的栽種方式，投入的成本與心力實在不容小覷。如今穩定市場價格的責任已經不再全由生產者承擔，而是整個國家一起努力推行的目標。

### 保障小農基本收入

### 公平貿易認證

公平貿易運動的精神在於保障生產者的生計，同時提升產品品質。許多咖啡生產者都是小規模農家，生活容易受到市場價格頻繁波動的衝擊，連帶影響到生產咖啡的品質。公平貿易運動訂立了最低收購價，藉此促進生產端長期發展。「國際公平貿易認證標章」不只出現在咖啡上，也保障了許許多多的農作物。

### 種咖啡還能保護候鳥

### 鳥類友善認證

咖啡樹很怕陽光直曬，所以通常四周會種植各式各樣的遮蔭樹，而這些遮蔭樹也會吸引候鳥飛來棲息，「鳥類友善」的名稱就是從這個現象來的。認證條件為農場中存在至少10種原生樹木，樹蔭覆蓋農地總面積40％，並且採有機栽培。哥斯大黎加等中美洲地區追求與自然共生的莊園較常接受鳥類友善認證。

# 第三波咖啡浪潮

近年全球飲用咖啡的習慣深受美國淺焙咖啡熱潮影響，這項風潮又稱作「第三波咖啡浪潮」。回顧過去100年，我們會發現每個時期流行的咖啡風格都不太一樣。

### 第一波咖啡浪潮

隨著運輸技術發達，咖啡於世界各地大流行的快速成長期。這段期間的特色是大量生產、大量消費，因此咖啡品質低落，對環境的破壞也很嚴重。

### 第二波咖啡浪潮

市場對過去的粗製濫造產生反動，轉而追求更精緻的咖啡，人稱西雅圖風格的咖啡廳推出各種以深焙義式濃縮咖啡為基礎調製的花式咖啡。

### 第三波咖啡浪潮

有別於深焙義式濃縮，專注於單杯萃取的淺焙豆手沖咖啡大行其道。自家烘焙咖啡豆和直接貿易（Direct Trade）的模式成為顯學。

## 咖啡業界的三次革命浪潮 將「好咖啡」打來你我身邊

「第三波咖啡浪潮」是指咖啡業界在生產、流通、販賣等一連串形式上出現的第三次重大變革。十九世紀末到一九六〇年代，咖啡產業以全球規模大幅成長，然而大量消費的習慣也導致商品品質低落，這一大段期間俗稱「第一波咖啡浪潮」。後來美國西雅圖出現一群希望「讓大家喝到好咖啡」的年輕人，他們於一九七一年成立了星巴克，後來也發展為全球連鎖店。這段期間即屬於「第二波咖啡浪潮」。再來進入二〇〇〇年代後，許多個人經營的小店也會直接前往產地向農民購買咖啡豆，宣告了「第三波咖啡浪潮」的黎明。

## 第一波咖啡浪潮

**1900～1970年左右**

**市場上流通大量來自歐洲殖民地的咖啡豆，世界各國大量消費，帶動咖啡大量生產。**

工業革命之後，歐洲的咖啡烘焙與萃取技術突飛猛進，並於一九〇〇年前後開花結果。現代義式咖啡機、濾紙式沖煮器材問世，即溶咖啡的專利技術誕生。以美國為中心的全球經貿發展與國際交流擴大，咖啡也隨之走向大量生產、大量消費的模式。結果造成咖啡品質大幅降低，消費者紛紛遠離咖啡，同時也對生產環境帶來莫大的負荷。

## 第二波咖啡浪潮

**1970～2000年左右**

**部分人們不滿於第一波咖啡浪潮的現象，轉而追求精緻的深焙義式濃縮咖啡。消費者與產地之間也開始透過公平貿易等方式直接交流。**

一九六〇年代創立的西雅圖風格咖啡始祖「皮爺咖啡（Peet's Coffee）」底下有一群年輕人，他們於一九七一年自己跳出來成立了一間小咖啡廳，即後來發展為全球連鎖品牌的「星巴克」。他們開始與產地加深關係，也重視與生產者採購時的收購價，將高品質生豆烘焙成深焙度，以精緻路線打破以往「粗製濫造」的高牆，是咖啡史上的重大變革。

## 第三波咖啡浪潮

**2000～2020年左右**

**可以說是星巴克時代的餘波，不過這次換成淺焙手沖咖啡開始流行。特色是結合了北歐與日本咖啡館文化，最早發祥於美國西岸。**

二〇〇〇年前後，由美國藍瓶咖啡、Stumptown Coffee Roasters等品牌創立的新潮流。網路的普及讓小店面也得以直接向產地購買精品咖啡，並且創造大型連鎖品牌辦不到的特色服務，還有獨一無二的烘焙風格，這些都吸引了部分擁有敏銳眼光的消費者。偏好精緻淺焙咖啡的北歐咖啡文化與精心萃取咖啡的日本咖啡館文化相互融合，創造出席捲世界的新風潮。

## 第四波咖啡浪潮

**2020年以後**

**社會結構大幅改變，居家咖啡飲用需求大增，咖啡開始以更多樣化的姿態進入消費者的生活。是人人都開始追求自己喜好的時代。**

二〇一七年雀巢入主藍瓶咖啡，第三波咖啡浪潮的現象與單一產區的神話落入凡間，世界咖啡文化迎來另一波劇烈變革。除了生產端的發酵處理技術日新月異催生出超高級咖啡，也開始出現水準超乎以往的銅板價咖啡與講究的業餘咖啡玩家。加上肆虐全球的傳染病改變了社會結構，我們已經能窺見新時代的咖啡風格雛形。未來的咖啡將走向更加多元的樣貌，分分秒秒都不容錯過。

# 味關係

巴哈曾以咖啡為主題創作音樂，貝多芬也曾為了自己而親手挑選咖啡豆。咖啡不只俘虜了音樂史上赫赫有名的作曲家，也魅惑了全世界眾多偉人。咖啡帶給人們的啟發，肯定刺激了無數嶄新藝術的誕生。

## 咖啡是令無數藝術家神魂顛倒的創作種子

在歐洲的古早年代，巴哈曾寫下一齣優秀的咖啡輕唱曲（Coffee Cantata）描述一名「為咖啡痴狂的少女」；貝多芬願意為了自己要喝的一杯咖啡，聚精會神親手挑出六十顆咖啡豆。此外舉凡伏爾泰、巴爾札克、海明威、梵谷、畢卡索，無論哪個時代都有諸多熱愛咖啡的藝術家，並引以為創作的精神糧食。

從古代阿拉伯至今，咖啡對人們來說都是一種提振精神、提高專注力的飲品。以前的咖啡廳還是文人雅士聚首，刺激彼此、充滿活力的沙龍。咖啡不是普通的飲品，它能間接激發周遭空間的靈感。

COLUMN of coffee & music

# 咖啡與音樂的

## 音樂與咖啡的關聯 1

在廣泛的藝術領域之中，音樂和咖啡之間的共通點特別多。

① 作曲…生產者
② 編曲…烘豆師
③ 製作人…調豆師
④ 演奏家…萃取師／咖啡師
⑤ 樂器…萃取器材
⑥ 擴大機／擴音器…咖啡機
⑦ 展演空間／演藝廳…咖啡廳

### 咖啡豆是擁有豐富背景的「藝術作品」

日本咖啡產業已經正式進入劇烈的變革期。除了迅速擴張的精品咖啡風潮、單一產區主義的崛起，加上咖啡館型態的多元化與價值觀轉變，這些因素都讓日本現代的咖啡文化現象與數十年前截然不同。

我們要將咖啡豆視為擁有繁複背景的「藝術作品」，掙脫既定印象的束縛，深入理解並探索可能。音樂史上曾經數度出現前所未有的和聲、劃時代的樂器，並且一次又一次脫胎換骨。如今咖啡正踏上音樂走過的路，準備創造出嶄新的藝術。

## 音樂與咖啡的關聯 2

若要進一步舉例，做音樂這件事情其實也和擬定沖煮計畫擁有異曲同工之妙。

等化器（EQ）……烘焙度
增益（GAIN）……粒徑／粗細度
壓縮器（COMP）……萃取溫度
效果器（EFF）……萃取速度
音量推桿（FADER）……粉量／濃度

### 以自己的風格自由自在享受咖啡

可能有些人一聽到藝術兩個字就下意識正襟危坐了起來。但就像音樂也不是只有古典音樂，還有披頭四晚期的迷幻風格、鮑伯狄倫自由奔放的曲風、非洲鼓、西岸爵士等豐富的類型，咖啡的風味之中當然也寄宿著目不暇給的萬千世界。

在現代，藝術以任何形式存在都不奇怪。有人選擇將自己的一生全奉獻給藝術，也有人選擇將藝術視為副業，當一個偶爾參加富士搖滾音樂節的樂手。

所以無論你是迷上了那琥珀色液體的咖啡狂熱分子，還是最近剛愛上在家泡咖啡的玩家，任何人都能以不同的態度自由享受咖啡。我認為這才是最重要的事情。

Part.6

# 泰三流 咖啡餐搭&咖啡創意調飲

雖然咖啡直接喝也很美味，但如果搭配對的食物，彼此相乘之下還能帶來更豐富的味覺饗宴。此外咖啡也可以混合其他材料，化身嶄新的調飲。這一章節我會介紹泰三流咖啡餐搭組合與原創的咖啡調飲配方，以及如何自己調出獨一無二的配方豆。

# 咖啡餐搭

餐搭的法文「Marriage」原意為「不同的事物相遇，共創全新的價值」，通常是用來形容葡萄酒與餐點之間的美妙配合，不過我追求的是咖啡與餐點、甜點的聯姻，其中我特別注重日本和風美學如何與咖啡搭配。以下介紹我幾經研究後找到的最佳餐搭組合。

| 個性爽朗乾脆的親切好拍檔 | |
|---|---|
| **淺焙柑橘系**（以水洗為主） | 水果塔、慕斯、司康、三明治、年輪蛋糕 |
| **享受風味相互交纏的樂趣** | |
| **淺焙漿果系**（以日曬為主） | 檸檬味明顯的重乳酪蛋糕、費南雪、白蘭地磅蛋糕、布利乳酪、果乾 |
| **注重細膩的甜味與層次變化** | |
| **中焙平衡系** | 水羊羹、最中餅等紅豆類和菓子、和食、法式料理、法式巧克力糖 |
| **給予濃郁口味強而有力的支撐** | |
| **深焙醇厚系** | 奶油蛋糕等鮮奶油類甜點、濃郁的香草冰淇淋、多汁的肉類料理或偏油膩的料理、義大利菜 |

# 適合配咖啡的甜點

## 西式日式皆宜
## 滿足五感的咖啡世界

蛋糕和咖啡的組合對我們來說並不陌生，也常常在咖啡館看到。西洋甜點自古以來就和咖啡出雙入對，而且任誰都知道搭配起來有多合適。尤其重口味的巧克力、帶有濃郁酒香的果乾類甜點和咖啡更堪稱天作之合。

我們可以根據咖啡和食物彼此的風味特徵來決定如何搭配。以西洋甜點來說，厚重的甜味適合搭配苦醇的咖啡，以水果為主的甜點則適合搭配果香十足的咖啡。至於和菓子通常比較適合搭配風格類似焙茶、帶有淡雅香氣的咖啡。

# 泰三流 咖啡餐搭推薦組合

以下會列出各式各樣的菜單，並介紹搭配起來更加分的咖啡品牌、焙度以及沖煮風格。

沖煮風格參照頁數：乾淨感P46、47。厚實感P48、49。

## 西洋甜點篇

| 餐點 | 咖啡 | 焙度 | 沖煮風格 |
|---|---|---|---|
| 重乳酪蛋糕 | 哥斯大黎加蜜處理 | 中等烘焙 | 乾淨感 |
| 巧克力 | 哥倫比亞水洗 | 高度烘焙 | 乾淨感 |
| 肉桂捲 | 葉門日曬 | 城市烘焙 | 厚實感 |
| 冰淇淋 | 瓜地馬拉水洗 | 法式烘焙 | 厚實感 |
| 水果＆打發鮮奶油蛋糕 | 衣索比亞日曬 | 中等烘焙 | 乾淨感 |
| 檸檬蛋糕 | 牙買加水洗 | 中等烘焙 | 乾淨感 |

## 和菓子篇

| 餐點 | 咖啡 | 焙度 | 沖煮風格 |
|---|---|---|---|
| 葛切 | 薩爾瓦多日曬 | 城市烘焙 | 乾淨感 |
| 羊羹 | 巴拿馬藝妓日曬 | 城市烘焙 | 乾淨感 |
| 栗餡甜包子 | 玻利維亞日曬 | 中等烘焙 | 厚實感 |
| 醬油糯米糰子 | 祕魯水洗 | 法式烘焙 | 厚實感 |
| 銅鑼燒 | 巴西日曬 | 城市烘焙 | 厚實感 |
| 大福 | 印尼曼特寧 | 法式烘焙 | 乾淨感 |

## 料理篇

| 餐點 | 咖啡 | 焙度 | 沖煮風格 |
|---|---|---|---|
| 牛排 | 寮國水洗 | 法式烘焙 | 乾淨感 |
| 日式歐風咖哩 | 古巴水洗 | 城市烘焙 | 乾淨感 |
| 壽司 | 夏威夷水洗 | 城市烘焙 | 乾淨感 |
| 蕎麥涼麵 | 坦尚尼亞水洗 | 中等烘焙 | 厚實感 |
| 三明治 | 盧安達水洗 | 中等烘焙 | 乾淨感 |
| 番茄義大利麵 | 肯亞水洗 | 法式烘焙 | 厚實感 |

# 適合配咖啡的餐點

## 別被原則束縛，發掘自己喜歡的咖啡餐搭組合

咖啡和葡萄酒不太一樣，鮮少聽到餐搭的概念。不過咖啡搭配適合的食物，兩者之間的味道也可以互補或產生變化，擦出更美味的火花。雖然早餐的烤土司、荷包蛋配咖啡是最經典的組合，但嘗試一些意想不到的組合也可能帶來新發現。

比方說起司配咖啡。使用淺焙日曬豆搭配乾淨感沖煮風格，然後像葡萄酒一樣裝進酒杯，兩兩相配雙倍美味。咖啡和咖哩飯、義大利麵等用了多種香料的西餐，還有蕎麥麵、壽司等和食也很搭。試著在餐前、餐中、餐後不同階段搭配不同食品，或許也能發現新的美妙組合。

# 調配自己的配方豆

了解如何品嘗咖啡之後，下一步就會想挑戰調製自己的配方。你可以用好幾種不同的咖啡豆，調出符合自己喜好的綜合咖啡。掌握咖啡豆的產地與特色後再藉由調配襯托出個性，就能享用到世上獨一無二的新滋味。

## 咖啡玩家都該挑戰看看<br>透過調配打開咖啡新視界

調配咖啡豆之前，必須先記住以下 4 個重點。

### 1 了解豆子的個性

先單純品嘗每種咖啡的味道，確認「甜、苦、酸、香、口感」等印象，然後再根據個人喜好思索要添加怎麼樣的味道。

### 2 決定味道的基底

基底風味的選擇取決於你想往哪種路線調配。這部分請參考左頁。

### 3 設定味道的重點

單純品嘗基底豆的味道，再加入你覺得缺乏的味道，或用同調性的豆子加強風味。

### 4 先從 3 種豆子開始

一開始先選出3種豆子，並以總量100g來分配比例。記好上述4點之後就可以正式挑戰調配咖啡豆了！

## 如何調配出不同風格的配方豆

### 3 前衛風格

跳脫常識，刻意選擇個性衝突的豆子自由調配。這種風格充滿了創意，通常會用上2～6種豆子創造出前所未有的色彩。不過淺焙豆奔放且明亮的香氣很容易被深焙豆的厚實感和苦味蓋過去，所以調配時必須仔細拿捏比例，確保每種個性強度維持在相近的程度。

**例：FRESH ICED BLEND**

### 2 綜合風格

混合個性類似的咖啡豆也能創造出主軸明確、層次多變的世界。選定一種所有豆子共通的風味，但在香氣上穿插不同類型的變化，如此可以增加成品的層次。使用3～4種豆子比較容易調配。

**例：DARK CHOCOLATE BLEND**

### 1 平衡風格

決定好基底豆後就可以像堆積木一樣往上堆疊風味。基底豆建議選擇偏深的焙度，而且是巴西和哥倫比亞等風味較單純的類型。增添風味的豆子以2～4種為準，調配時須考量到整體的安定感，避免風味表現頭重腳輕。

**例：SPICY BLEND**

## 泰三綜合豆配方

### FRESH ICED BLEND

有別於一般冰咖啡傾向於追求強勁口感，這個配方的路線較為明亮清爽。感受著陽台上吹來的微風，閉上眼睛乘著咖啡香，就能來一趟短暫的異國之旅。

- ◆衣索比亞水洗／中等烘焙 30g
- ◆肯亞／高度烘焙 20g
- ◆哥倫比亞／城市烘焙 30g
- ◆瓜地馬拉／深城市烘焙 20g

### DARK CHOCOLATE BLEND

巴西中深焙豆帶來可可般的舒服苦味與厚實口感，加上香氣之中藏著一絲黑醋栗般的妖豔酸味，創造非常經典的風味層次。

- ◆巴西／深城市烘焙 50g
- ◆寮國／深城市烘焙 20g
- ◆肯亞／法式烘焙 30g

### SPICY BLEND

除了肉桂、丁香、小荳蔻般的辛香料香氣，還帶有一絲熱帶水果的調性。整體層次分明，風味乾淨明亮，卻不失紮實口感。

- ◆衣索比亞日曬／高度烘焙 30g
- ◆瓜地馬拉／城市烘焙 30g
- ◆哥倫比亞／深城市烘焙 40g

### 新時代創意調飲與名店經典品項

# 咖啡調飲食譜

咖啡廳裡經常可以看到各式各樣的咖啡調飲，而我們在家裡也可以花一點功夫，將咖啡變成簡單又好喝的飲料。準備喜歡的咖啡杯或玻璃杯，即刻享受將家裡變成咖啡廳的樂趣。

## 經典咖啡歐蕾

這個食譜可以做出最傳統的法式口味。深焙濃縮咖啡結合加熱濃縮過的牛奶，甜味濃郁又圓融。

**材料　1杯分**

手沖濃縮咖啡　70ml
（深焙／細研磨／15g）
牛奶　70ml

**作法**

1. 以高溫低速的方式沖煮咖啡。
2. 將牛奶倒入鍋中，小火慢慢加熱至65℃。
3. 將1和2倒入事先溫熱好的杯中。

★ 咖啡與牛奶的經典比例為5：5

# Buena Vista 愛爾蘭咖啡

舊金山老字號咖啡館「Buena Vista」是全球賣出最多杯愛爾蘭咖啡的店家。此處食譜重現了該店的經典口味。

**材料　1杯分**
粗糖　1小匙
深焙熱咖啡　130ml
愛爾蘭威士忌
（愛爾蘭之最）　30ml
打發鮮奶油
（偏甜）　2大匙

**作法**

1. 將粗糖加入玻璃杯。
2. 倒入深焙的熱咖啡。
3. 加入愛爾蘭威士忌，最後將打發鮮奶油輕輕飄浮在表面。

★ 喝的時候不要攪拌，同時享受冰涼的鮮奶油與溫熱的咖啡，以及粗糖漸漸融化後逐漸變化的風味。

# 冷萃咖啡全果茶

這是一杯無與倫比的新時代咖啡調飲，可以品嘗到咖啡櫻桃本身豐富的風味，淡淡飄香的酸甜滋味令人欲罷不能。

**材料　1杯分**

咖啡粉（日曬處理）　12g
咖啡果乾※　10g
熱水　30ml
冷水　300ml

**作法**

1. 將咖啡粉與咖啡果乾一起放入玻璃下壺。
2. 將少量熱水注入1，以湯匙稍作攪拌後靜置1分鐘。
3. 加入冷水靜置4分鐘。
4. 使用較細的濾網慢慢過濾掉咖啡粉和果乾，最後倒入紅酒杯。

※咖啡果乾是乾燥後的咖啡櫻桃果肉與果皮。咖啡生產國經常會像泡茶一樣拿咖啡果乾泡來喝。

# 冰咖啡氣泡飲

口感清爽的冰咖啡加入氣泡水，再多一分暢快的擊喉感。放入一點薄荷也不錯。

**材料　1杯分**

冰咖啡（深焙偏濃／直接冷卻法）　90ml
氣泡水　210ml

**作法**

1. 將冰咖啡倒入裝著冰塊的玻璃杯。
2. 再加入氣泡水。

★ 冰咖啡：氣泡水的最佳比例為3：7。喜歡喝甜一點的人也可以加一點糖漿調味。

## 橙香咖啡通寧

這是近年最風行的咖啡雞尾酒，柳橙的風味可以襯托咖啡本身優質的酸感。

**材料　1杯分**
柑橘利口酒或
柳橙汁　20ml
通寧水　100ml
冰咖啡　40ml
（淺焙／中研磨／10g／90℃乾淨感手沖／間接冷卻法）
檸檬片　1片

**作法**

1. 將柑橘利口酒或柳橙汁倒入裝著冰塊的玻璃杯。
2. 加入通寧水。
3. 緩緩倒入咖啡，讓咖啡漂浮在上層。最後放入檸檬片裝飾。

★ 建議選擇帶果香的淺焙咖啡。

## 義式冰沙風味冰咖啡

這是一杯劃時代的果香風味冰咖啡。水果的風味襯托出咖啡本身清爽的酸味，能品嘗到水果與精品咖啡之間的美妙聯姻。

**材料　1杯分**
果香調咖啡　200ml
（淺焙／中研磨／20g／86℃乾淨感手沖）
水果原汁冰塊
（也可以用便利商店的水果冰棒代替）　100g
新鮮的迷迭香　1枝

**作法**

1. 將果汁做成的冰塊放入玻璃杯，接著直接倒入溫熱的果香調咖啡。
2. 均勻攪拌迅速降溫後，插上迷迭香裝飾。

★ 推薦搭配葡萄柚汁或麝香葡萄汁做成的冰塊。

PROFILE

## 岩崎泰三（Taizo Iwasaki）

生於東京都練馬區／日本國立音樂大學器樂系畢業／CQI認證杯測師

他充分發揮自己在音樂薰陶下培養出的敏鋭感官，積極參與跨領域活動，時而表演他獨特的咖啡萃取技法，時而現身大型演奏會。他曾經營東京銀座一間深受全國咖啡老饕追捧的夢幻名店「銀六珈琲 時・・」，期間也多次接受過雜誌媒體的採訪。現在他以國際咖啡品質鑑定師／全能咖啡師的身分積極走訪日本各地，全面協助商家採購生豆、烘焙、調製配方、萃取、規劃店面等等，也不時舉辦講座與人才培訓課程。此外他也參與東南亞、中南美洲、非洲等地的稀有咖啡視察團，更擁有至北歐、韓國公開表演的經驗。



TITLE

杯測師的居家咖啡學

STAFF

| | |
|---|---|
| 出版 | 瑞昇文化事業股份有限公司 |
| 作者 | 岩崎泰三 |
| 譯者 | 沈俊傑 |
| 總編輯 | 郭湘齡 |
| 責任編輯 | 張聿雯 |
| 美術編輯 | 許菩真 |
| 排版 | 洪伊珊 |
| 製版 | 明宏彩色照相製版有限公司 |
| 印刷 | 桂林彩色印刷股份有限公司 |
| 法律顧問 | 立勤國際法律事務所　黃沛聲律師 |
| 戶名 | 瑞昇文化事業股份有限公司 |
| 劃撥帳號 | 19598343 |
| 地址 | 新北市中和區景平路464巷2弄1-4號 |
| 電話 | (02)2945-3191 |
| 傳真 | (02)2945-3190 |
| 網址 | www.rising-books.com.tw |
| Mail | deepblue@rising-books.com.tw |
| 初版日期 | 2022年10月 |
| 定價 | 450元 |

ORIGINAL JAPANESE EDITION STAFF

| | |
|---|---|
| 装丁・デザイン | アガタ・レイ (56Hope Road Studio) |
| イラストレーション | 小板橋徹 |
| 撮影 | 大木慎太郎 |
| スタイリング | South Point |
| 編集・構成 | 成田すず江、藤沢せりか（株式会社テンカウント）<br>成田泉（有限会社ラップ） |
| 企画・編集 | 島田修二（マイナビ出版） |

國家圖書館出版品預行編目資料

杯測師的居家咖啡學/岩崎泰三作；沈俊傑譯. -- 初版. -- 新北市：瑞昇文化事業股份有限公司, 2022.10
160面；14.8x21公分
譯自：はじめてのおうちカフェ入門：自宅で楽しむこだわりコーヒー
ISBN 978-986-401-580-1(平裝)
1.CST: 咖啡

427.42　　111014214





HAJIMETE NO OCHI CAFÉ NYUMON: JITAKU DE TANOSHIMU KODAWARI COFFEE
by Taizo Iwasaki



Original Japanese edition published by Mynavi Publishing Corporation.
This Traditional Chinese edition is published by arrangement with Mynavi Publishing Corporation, Tokyo in care of Tuttle-Mori Agency, Inc., Tokyo, through Keio Cultural Enterprise Co., Ltd., New Taipei City.